Tatting Lace Accessories

精美绝伦的梭编蕾丝饰品精选集

〔日〕藤重澄　日本OLIVO协会　著

蒋幼幼　译

河南科学技术出版社

·郑州·

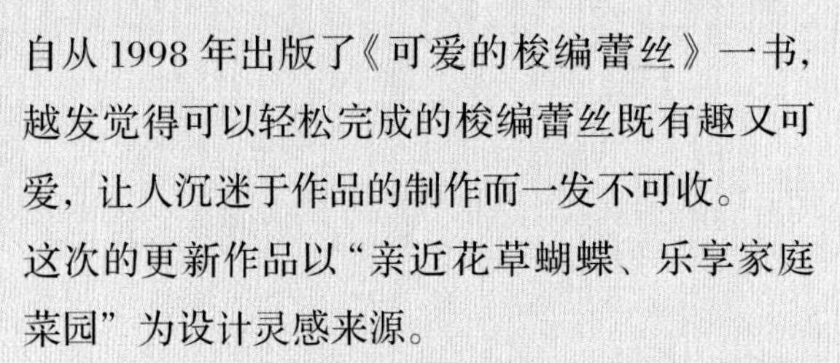

自从 1998 年出版了《可爱的梭编蕾丝》一书，越发觉得可以轻松完成的梭编蕾丝既有趣又可爱，让人沉迷于作品的制作而一发不可收。
这次的更新作品以“亲近花草蝴蝶、乐享家庭菜园”为设计灵感来源。

藤重澄

日本 OLIVO 协会是藤重澄主管的一个工艺协会。希腊神话中的雅典娜是集智慧、工艺、战争于一身的女神，相传她种植的橄榄树为雅典人民带来了丰收，这便是协会名称 OLIVO 的由来。协会成立以来开展了各种活动，旨在普及素有白色宝石之称的蕾丝和精美的编织技艺。
希望大家和我们一起畅游唯美的梭编蕾丝世界!

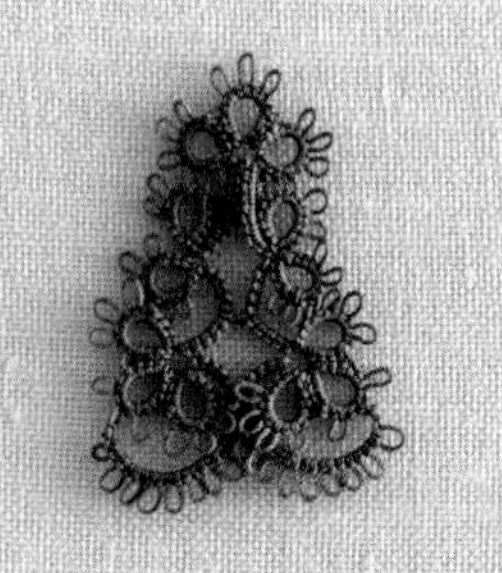

日本 OLIVO 协会　金子悦子

目录

小花项链和手链

编织并连接小花花片，制作成轻灵柔美的配饰。洋溢着春日气息的渐变色调，清新淡雅。

用线…奥林巴斯　金票 40 号蕾丝线〈段染〉

编织方法…p.52

c
d

玫瑰花项链、挂钩式耳环和手链

精致的玫瑰花片宛如雕金工艺品。配上和谐的链子，更加凸显了花片的纤美细腻。

用线…奥林巴斯　金票 40 号蕾丝线

编织方法…p.54

古典玫瑰胸花

连续编织 3 圈环，将简单的带状花片卷起来制作成胸花。加上珍珠的光泽，显得十分清雅。

用线…奥林巴斯　Emmy Grande〈Colors〉

编织方法…p.56

加入串珠的手链和项链

项链中隐藏着手链。使用相同的磁扣，手链可以连接成更长的项链。

用线…奥林巴斯　Emmy Grande〈Herbs〉

编织方法…p.58

c

d

环环相扣的项链

这几款项链加入了爱心和蝴蝶等可爱迷人的花样。只需编织基础的环即可完成。

用线…奥林巴斯　Emmy Grande〈Herbs〉

编织方法…p.60

玫瑰花胸针和装饰垫

装饰垫和胸针的基本花样相同。无论是平面连接还是叠加组合，作品都非常精美。

用线…奥林巴斯　Emmy Grande〈Shaded〉、〈Colors〉、〈Herbs〉

编织方法…胸针 / p.62，装饰垫 / p.63

花片装饰的化妆包

将蕾丝花片缝在简单现成的化妆包上，瞬间彰显个性特色。

用线…奥林巴斯　蓝星花、波斯菊 / 金票 40 号蕾丝线，海石竹 / 金票 70 号蕾丝线

编织方法…蓝星花 / p.48，海石竹 / p.49，波斯菊 / p.50

波斯菊窄条围巾

编织并连接花片至喜欢的长度。自然的色调一年四季都可佩戴，非常实用百搭。

用线…奥林巴斯　金票 40 号蕾丝线

编织方法…p.51

加入丝带的围巾

原白色蕾丝加上银白色丝带，给人雅致的印象。搭配不同颜色的丝带，整体效果也会随之改变。

用线…奥林巴斯　金票 40 号蕾丝线

编织方法…p.66

西番莲花围巾

梦幻般缥缈的轻灵感演绎出了蕾丝独有的味道。两端的立体花片使作品围在颈部时不会轻易滑落。

用线…奥林巴斯　金票 40 号蕾丝线

编织方法…p.64

玫瑰花、三角形花片和蝴蝶花样的小饰品

玫瑰花和三角形花片分别对 p.6 的花片和 p.25 的花样做了改动。小蝴蝶花样既简单又可爱。

用线…奥林巴斯　梭编蕾丝线〈金银丝线〉、〈中〉、〈细〉，金票 40 号蕾丝线、金票 40 号蕾丝线〈段染〉

编织方法…p.69、81

a
b
c
d
e
f
g
It's an
old-fashioned wish
But it's warm
and sincere—
"A wonderful
Birthday—
A wonderful year!"
Love

双色连环项链和手链

白色的约瑟芬环只需编织下针，与织上针和下针组成的环相比显得更加细腻。

用线…奥林巴斯　Emmy Grande〈Herbs〉

编织方法…p.70

正方形花片的项链和挂钩式耳环

项链的坠饰是连接 3 个耳环的花片组成的。这样的花片编织起来既简单又很精美。

用线…奥林巴斯　金票 40 号蕾丝线

编织方法…p.71

银莲花围巾

用大、小环组成的带状花片连接两端的银莲花。加减环的数量可以将围巾调整至自己喜欢的长度。

用线…奥林巴斯　Emmy Grande〈Herbs〉

编织方法…p.72

玫瑰花围巾和迷你钱包

简洁的主体加上两端的玫瑰花片，极为优美典雅。将花片放大一圈制作成迷你钱包也很不错。

用线…奥林巴斯　Emmy Grande〈Herbs〉

编织方法…迷你钱包 / p.74，围巾 / p.73

雅致的胸花和夹式耳环

3 款胸花上的串珠散发着雅致的光泽，显得高贵典雅。除了点缀在胸前，还可以用作包包的装饰或丝巾扣。

用线…奥林巴斯　金票 40 号蕾丝线、Emmy Grande〈Bijou〉

编织方法…迷你玫瑰胸花和铁线莲胸花 / p.76，山茶花胸花和山茶花夹式耳环 / p.77

浮雕风格的胸针

胸针的中间是小巧的花片。将底部的不织布换一种颜色，还可以制作出贝壳浮雕或石头浮雕的效果。

用线…奥林巴斯　金票 40 号蕾丝线

编织方法…p.78

蕾丝装饰带

编织并连接半圆形花片制作成带状花片，只要绕一圈打个结就是一款精巧可爱的蕾丝装饰带。

用线…奥林巴斯　金票 40 号蕾丝线

编织方法…p.79

装饰领和袖口

用手工蕾丝装点服饰，感受那份奢华韵味吧。因为花样的数量决定作品的长度，装饰领可以调整至自己喜欢的长度。

用线…奥林巴斯　Emmy Grande

编织方法…p.80

木春菊围巾

贝壳粉色给人柔美的印象。让人欣喜的是，由连接花片组成的这款围巾用 1 个梭子就能编织完成。

用线…奥林巴斯　金票 40 号蕾丝线

编织方法…p.82

带花边的羊毛围巾

简单随意地围上这款围巾，就能为着装增添一份华丽感。如果蕾丝只用作装饰边缘，编织起来似乎轻松多了。

用线…奥林巴斯　金票 40 号蕾丝线〈混染〉

编织方法…p.84

同心圆项链、挂钩式耳环和戒指

这组作品对 p.7 胸花的花样进行了改动。在挂钩式耳环中，环与环之间渡线的扭转别有一番妙趣。

用线…奥林巴斯　金票 40 号蕾丝线

编织方法…p.57

金合欢和丁香花配饰

花朵部分只需将成串的环组合起来即可，制作方法非常简单。这是一组初学者也非常容易挑战的作品。

用线…奥林巴斯　金票 40 号蕾丝线、金票 40 号蕾丝线〈段染〉

编织方法…p.85

蔬菜花样的小饰品

饰品上小巧的蔬菜花样可爱极了。将西红柿手链换成各种蔬菜的组合也一定非常有趣。

用线…奥林巴斯　金票 40 号蕾丝线、金票 40 号蕾丝线〈段染〉、梭编蕾丝线〈金银丝线〉

编织方法…p.86

酸橙夹式耳环和柠檬挂钩式耳环

这两款作品是按相同的图解、用不同粗细的线编织而成的。如果将边缘换一种颜色，还可以编织成橙子等其他种类的柑橘。

用线…奥林巴斯　梭编蕾丝线〈中〉、〈细〉、〈金银丝线〉

编织方法…p.87

编织前的准备工作和图解的看法

◎线材的准备

· 在梭子上缠线。尽量缠满线，缠线量以不超出梭子的侧面为宜。
  奥林巴斯金票40号蕾丝线大约可以缠13 m，Emmy Grande线大约可以缠6 m。（以p.33使用的梭子为例）
· 必要时可以将线缠在缠线板上。也可以不用缠线板，直接使用线团。

◎编织图解的看法

· 编织图解是按正面看到的织物状态绘制的。
· 梭编蕾丝图解是按箭头所示方向编织。
  表示编织方向的箭头为顺时针方向时，将针目的正面用作作品的正面；
  表示编织方向的箭头为逆时针方向时，则将针目的反面用作作品的正面。
· 由针目组成的环和桥用粗线绘制，只有线构成的耳、连接、渡线用细线绘制。
· “环”编织结束时会收紧成环状。但是在图解中，为了明确环的编织起点和编织终点，起点的2个花样左右会将环的根部分开来绘制。

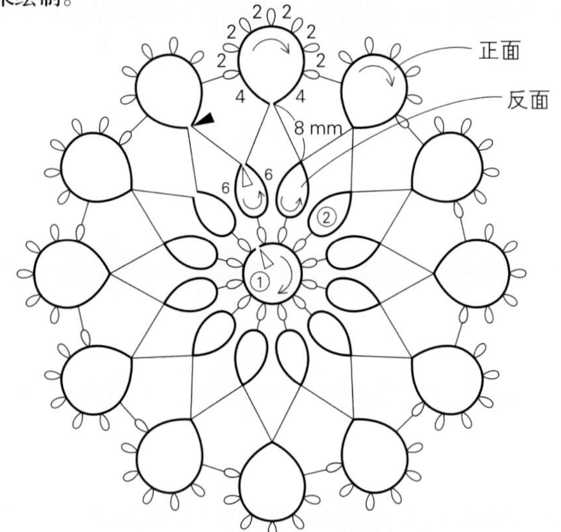

①＝第1圈
②＝第2圈

◁＝编织起点
◀＝编织终点

第1圈的编织方法

●用1个梭子编织

通过环和渡线的组合可以编织出花样。统一环的大小和渡线的长短是制作精美作品的关键。

●用梭子＋缠线板编织

编织环时，用1个梭子编织。编织桥时，将缠线板的线挂在左手上编织。

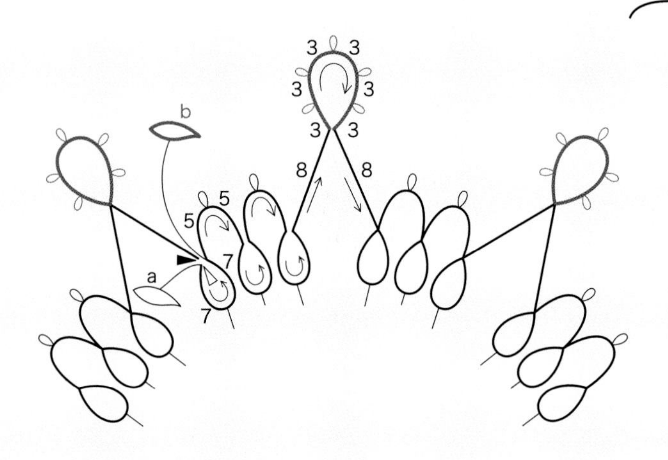

●用2个梭子编织

用2个梭子编织时，交替拿着梭子a和梭子b编织。本书图解中用线条颜色的深浅来区分是用梭子a还是用梭子b编织。编织后针目的颜色并非右手梭线的颜色，而是左手挂线的颜色。

[在梭子上缠线]

制作梭编蕾丝，首先要在梭子上缠好线。

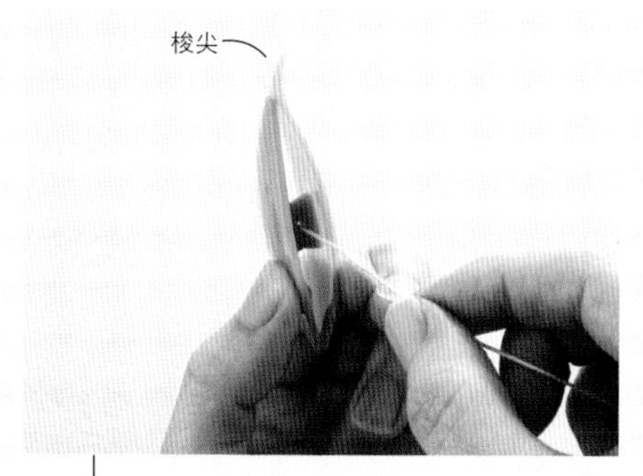

1 左手拿好梭子，梭尖朝上，在梭芯的小孔中穿入线。

2 梭尖朝向左侧，将穿过梭芯的线拉至前面。

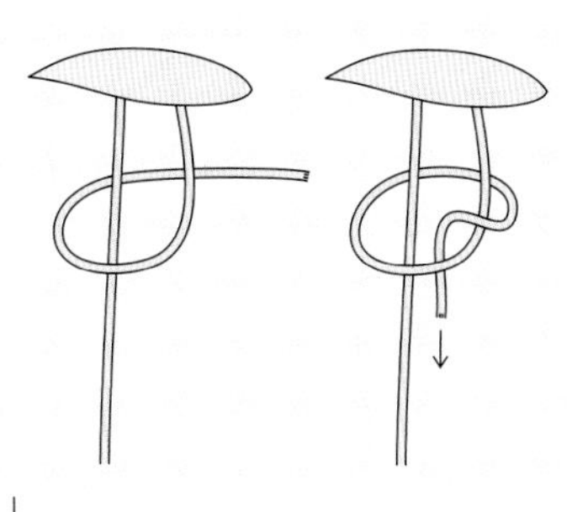

3 用拉出的线在长线上绕出一个线环，再从上方将线头穿入线环中。

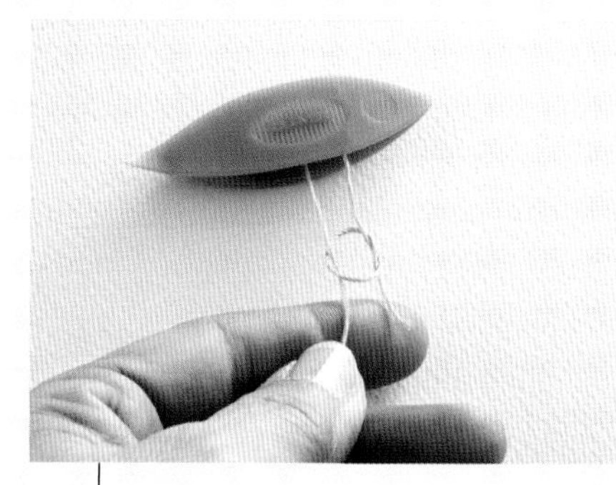

4 拉动短线收紧线环，拉动长线将线结移至梭芯。

5 将梭尖朝向左上方拿好，从前往后将线缠在梭芯上。

6 缠线量以不超出梭子的两侧为宜。

◎本书使用的工具

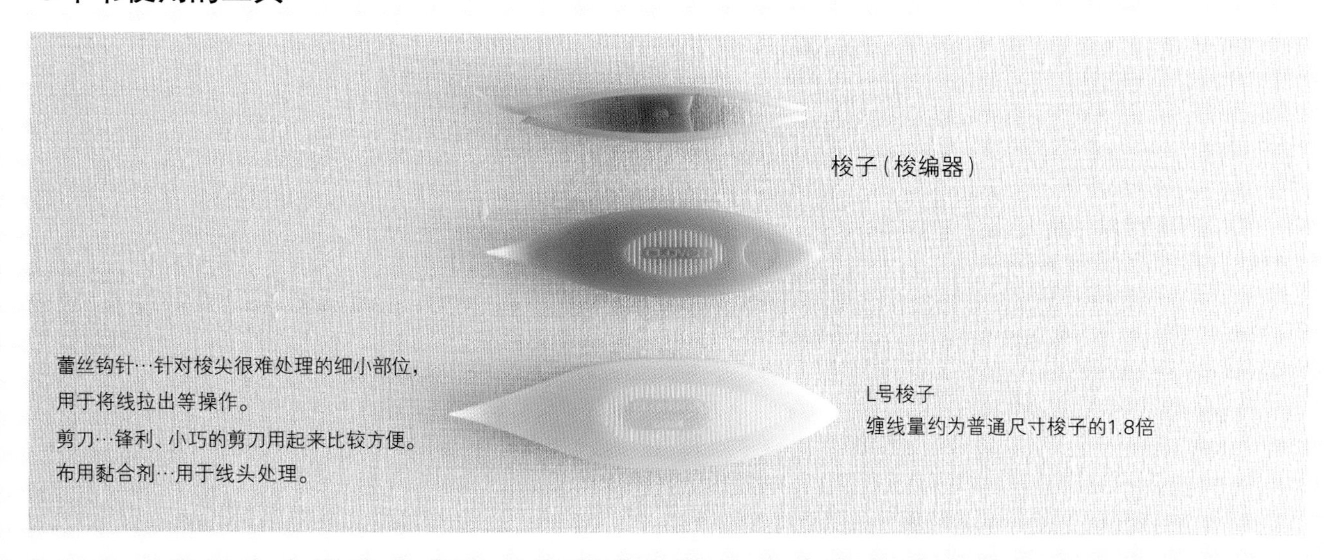

[下针和上针]

梭编蕾丝由下针和上针组合而成。挂在左手上的线为编织线，梭子上的线为芯线。
编织方法在于右手梭线的穿拉方法以及左手挂线的松紧程度。
首先来了解一下用梭子和线团编织时线的走势吧。

挂线方法和梭子的拿法

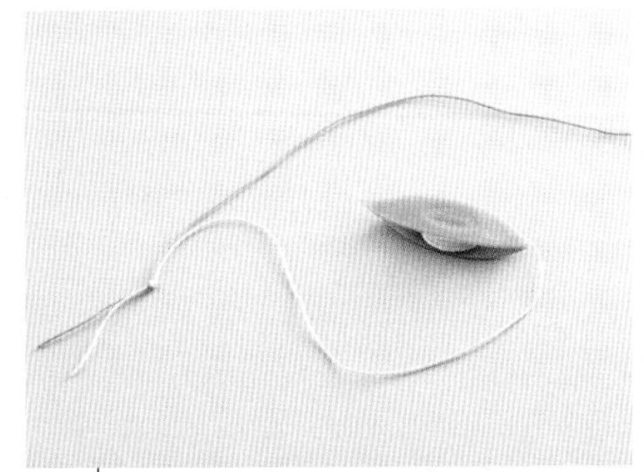

1 将线团和梭子上的线头一起打结。为了便于理解线的走势，此处使用2种颜色的线编织。

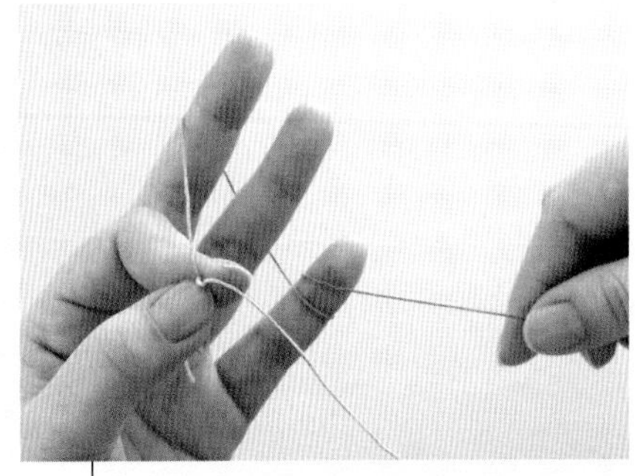

2 用左手的拇指和食指捏住线结。将线团上的线从左手的外侧挂在中指和无名指上，再从小指的内侧由下往上绕一圈。

3 从梭子上拉出20 cm左右的线头，将线头放在后面，用右手的拇指和食指拿好梭子。

●下针的编织方法

4 转动右手，将梭子上的线依次挂在小指、无名指和中指上。

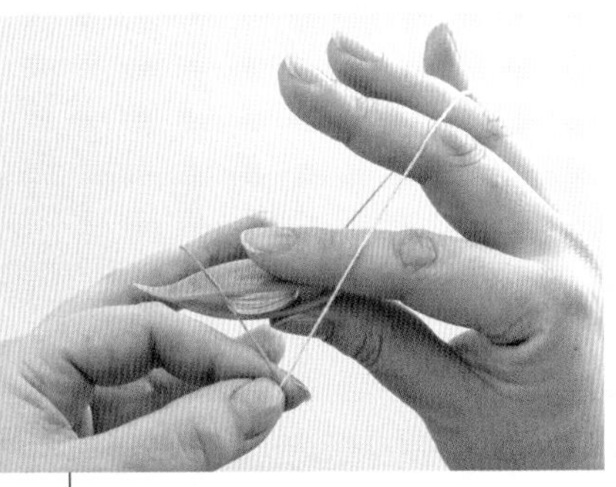

5 绷紧左手的线，将其从右手的食指和梭子之间穿过。

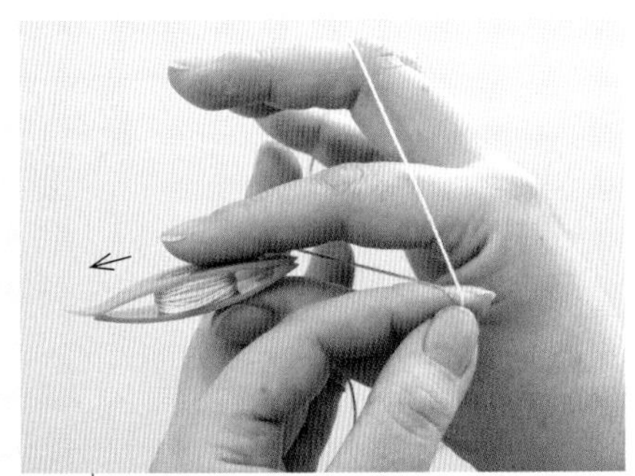

6 线从梭子的上方滑过。

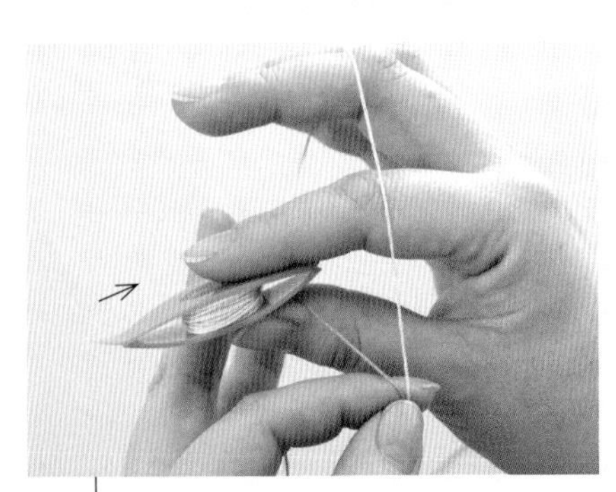

7 将线从梭子的下方滑出，穿回梭子。

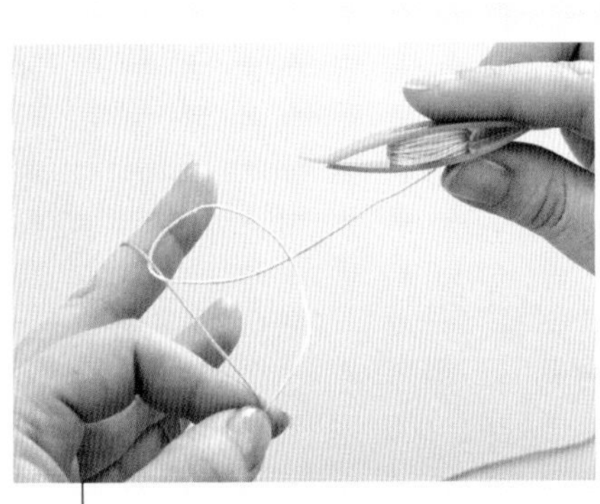

8 穿回梭子时，梭子上的线呈线圈状缠在了左手的线上。

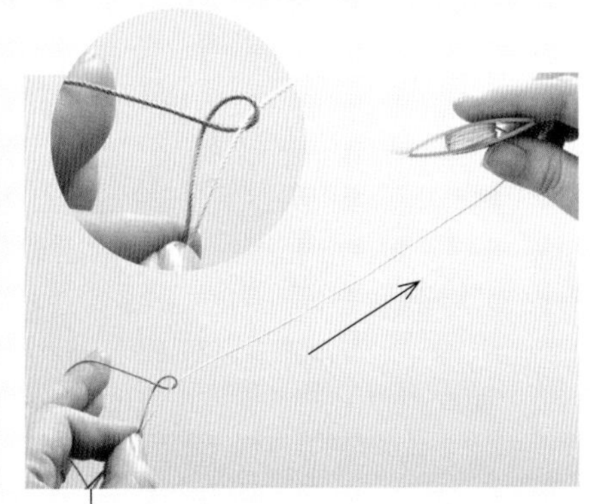

9 轻轻弯曲左手的中指、无名指和小指，将线放松。同时右手向外拉紧梭子上的线。此时梭子上的线变成了芯线，左手的线则缠在了梭子的线上。

●上针的编织方法

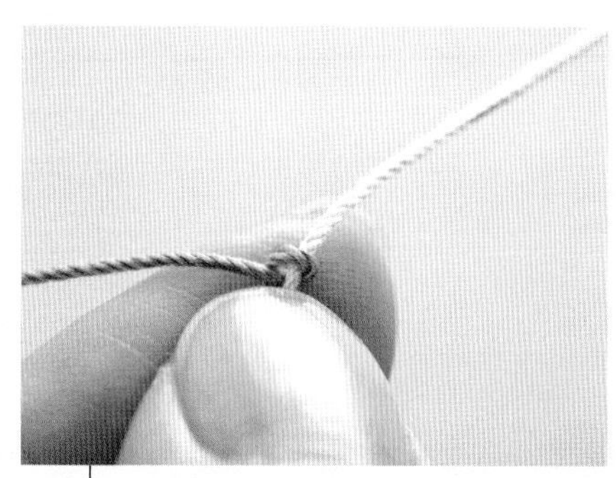

10 绷紧左手放松的线，缩小线圈，再将其拉至指尖。下针就完成了。

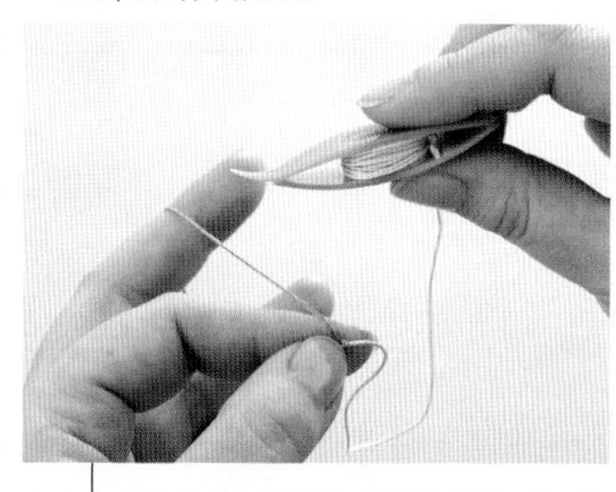

11 用左手的拇指和食指捏住下针，梭子上的线自然下垂。

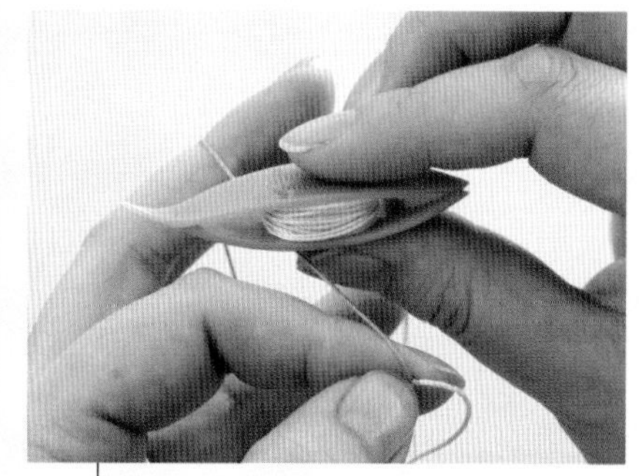

12 将梭子从左手的线上方滑过。

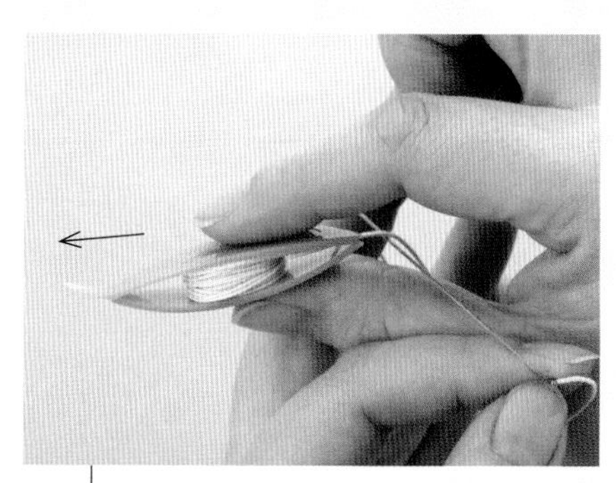

13 滑过线后，将梭子压至线的下方。

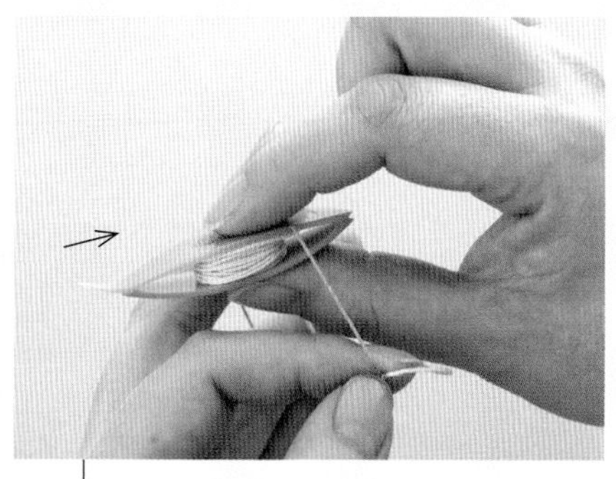

14 将左手的线从梭子的上方滑出。

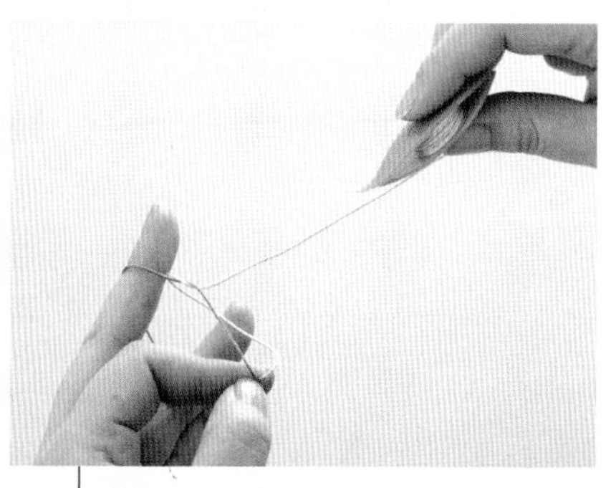

15 穿回梭子。

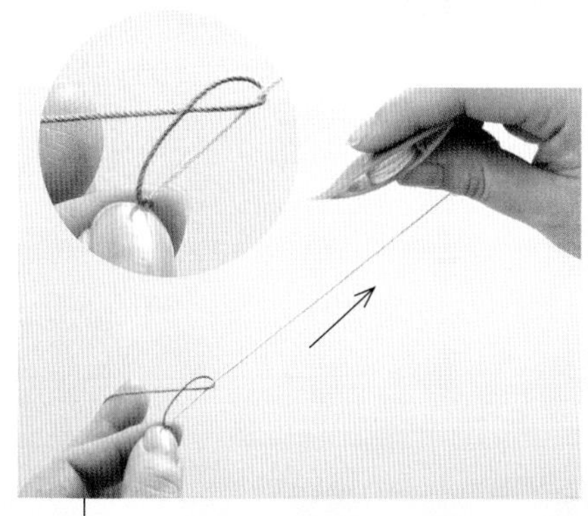

16 与下针一样，轻轻弯曲左手的中指、无名指和小指，将线放松。同时右手向外拉紧梭子上的线。此时梭子上的线变成了芯线，左手的线则缠在了梭子的线上。

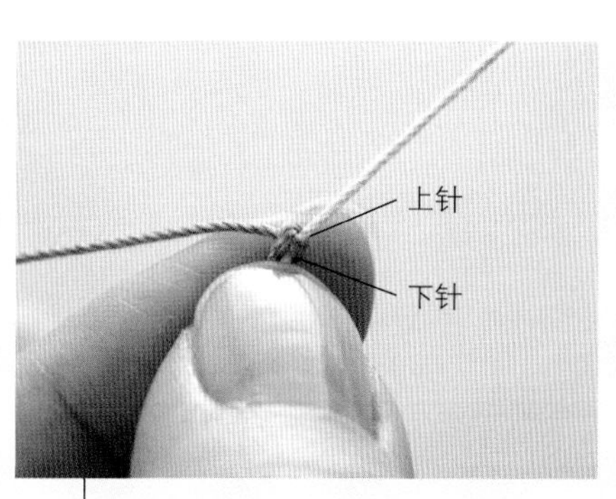

17 绷紧左手放松的线，缩小线圈，再将其拉至指尖。上针就完成了。

基础结

1针
结头
下针
上针
3针

1针下针和1针上针为1组，计为1针（1个基础结）。

[耳]

在针目与针目之间编出的线圈叫作耳。连接环和桥时，就在耳上做连接。

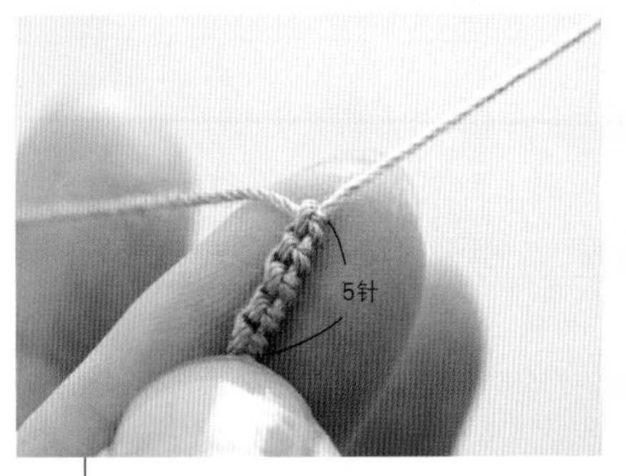

1 编织5个基础结。

2 为了制作耳，空出3针的距离编织下针。

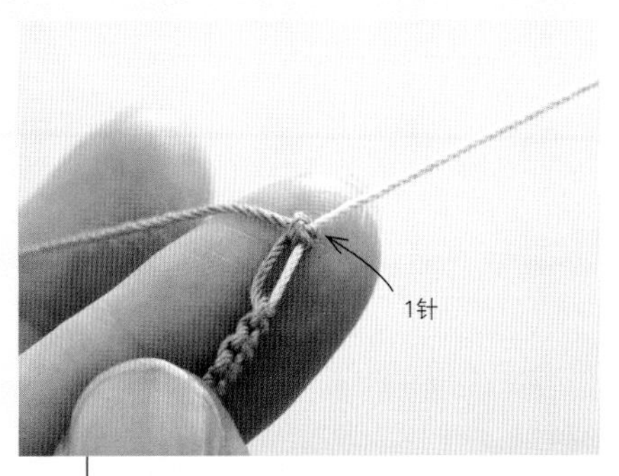

3 接着编织上针，1个基础结完成。

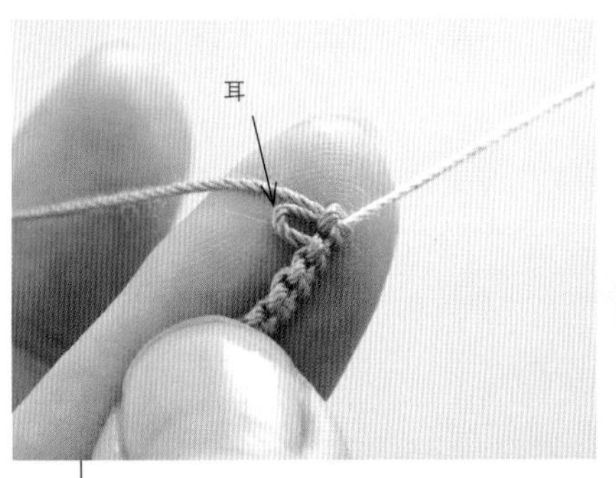

4 将刚才完成的1针并拢。空出的线圈就变成了耳。

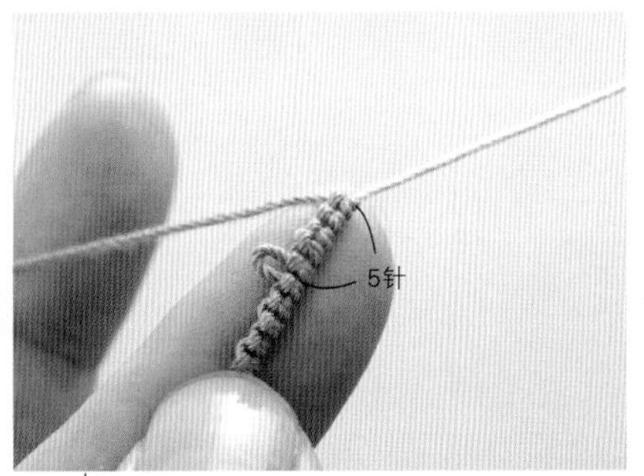

5 这一针计为后续针目中的1针，所以再编织4针。

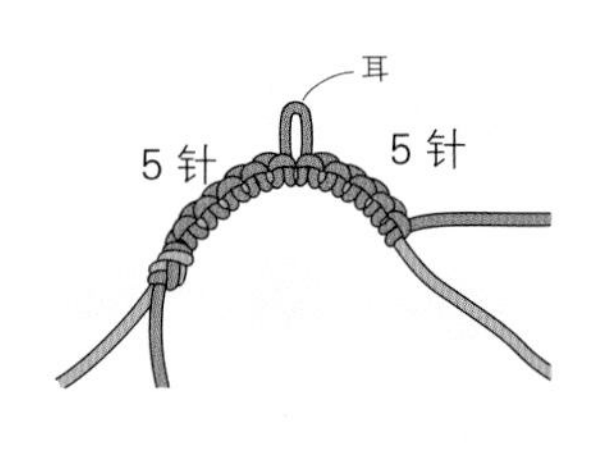

[环]

将梭子上的线绕在左手上编织。

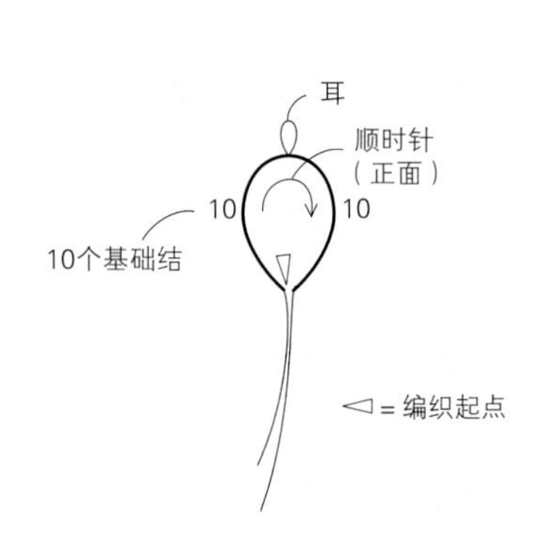

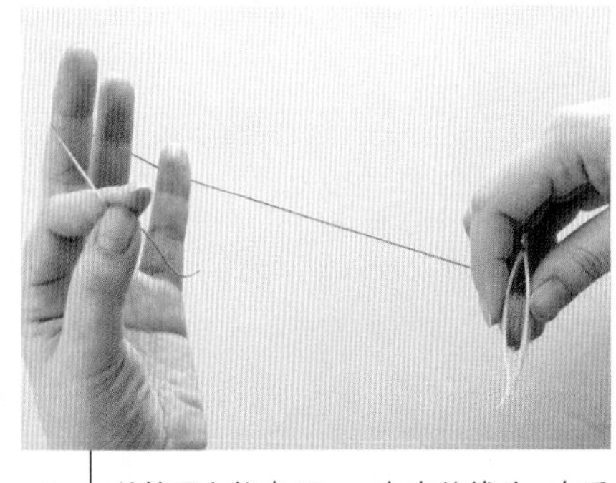

1 从梭子上拉出40 cm左右的线头，右手拿好梭子。用左手的拇指和食指捏住线头的4~5 cm处。一边转动左手从前往后绕一圈线，一边用剩下的3根手指调节线环的大小。

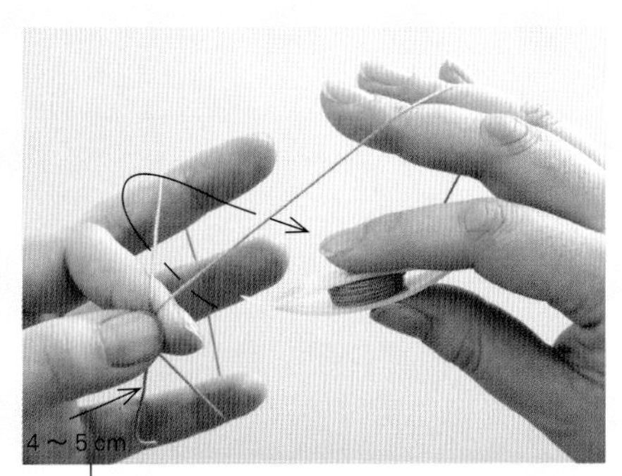

2 用拇指和食指将绕过来的线和线头一起捏住。转动右手，将梭子上的线依次挂在小指、无名指和中指上。如箭头所示，在左手绷紧的线上来回穿梭子编织下针。

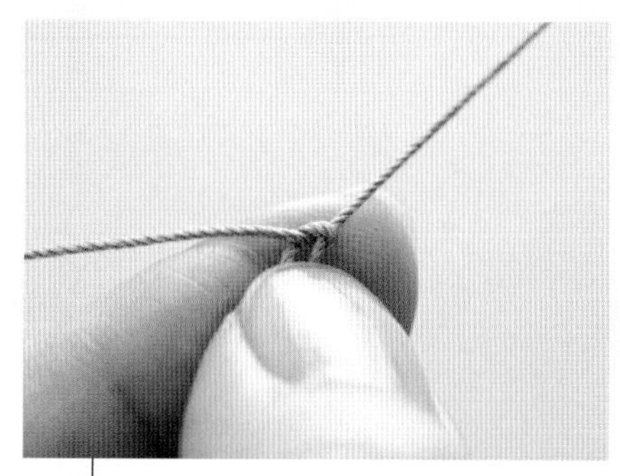

3 下针完成。

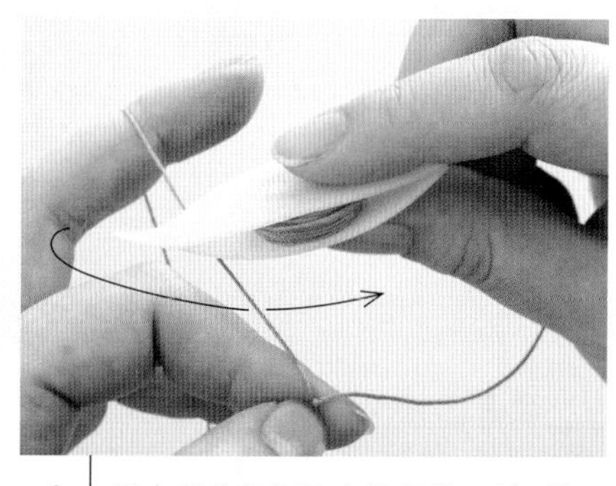

4 用左手的拇指和食指捏住下针。梭子上的线自然下垂，如箭头所示来回穿梭子编织上针。

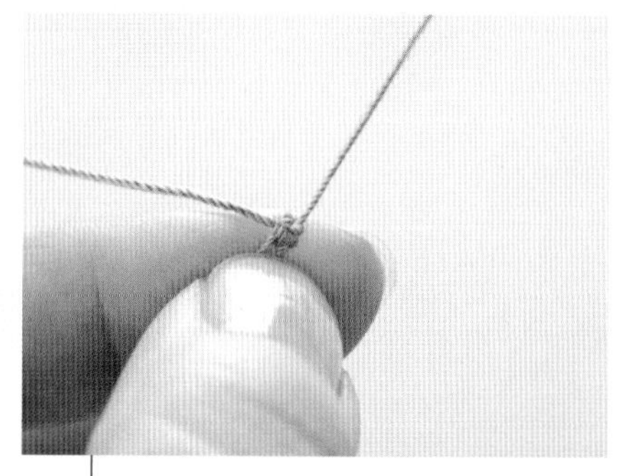

5 1个基础结完成。随着针目的增加，线环会变小。用拇指和食指捏住最初的针目，放下小指，拉出线，放大线环。因为一部分线移到了线环上，所以要放出梭子上的线，确保编织所需长度。（参照步骤9）

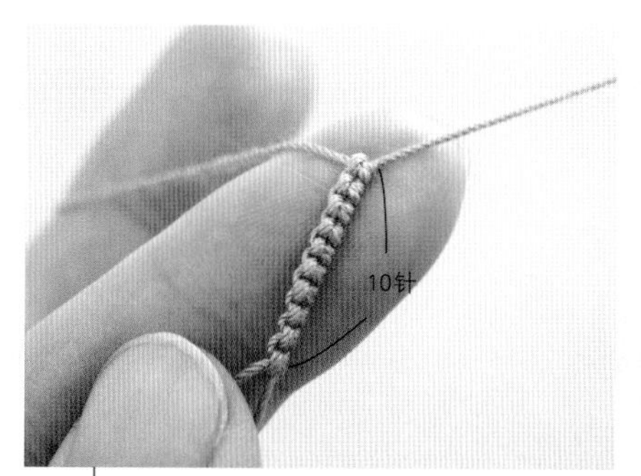

6 10个基础结完成。

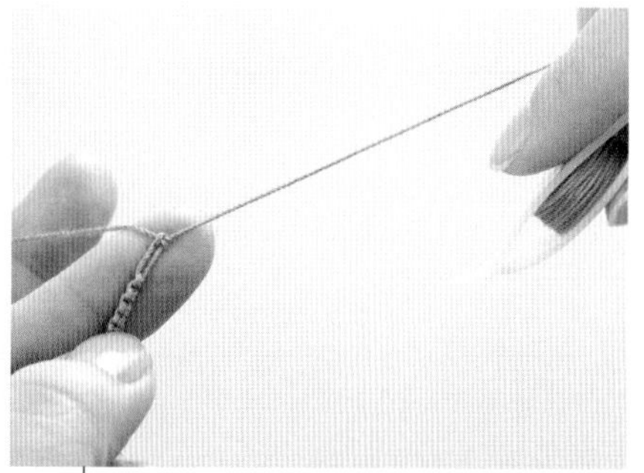

7 为了制作耳，空出3针的距离编织下一针。

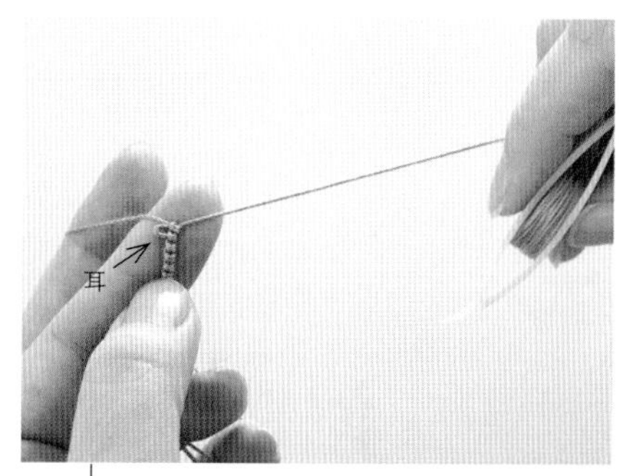

8 将完成的1针并拢后，形成耳。这一针计为后面10针中的第1针。

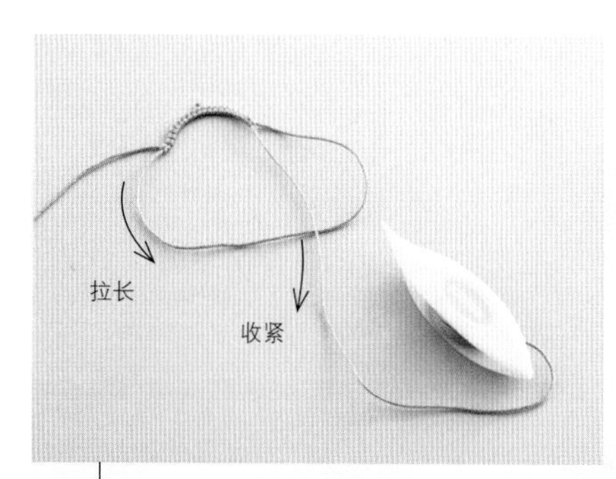

9 接着编织9针，然后从手指上取下。

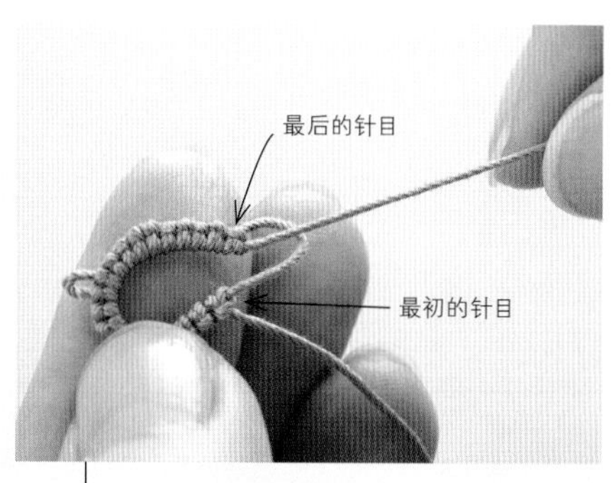

10 捏住最后的针目，拉动梭子上的线收紧线环。如果不捏住最后的针目，有时线结就会被拉得太紧。

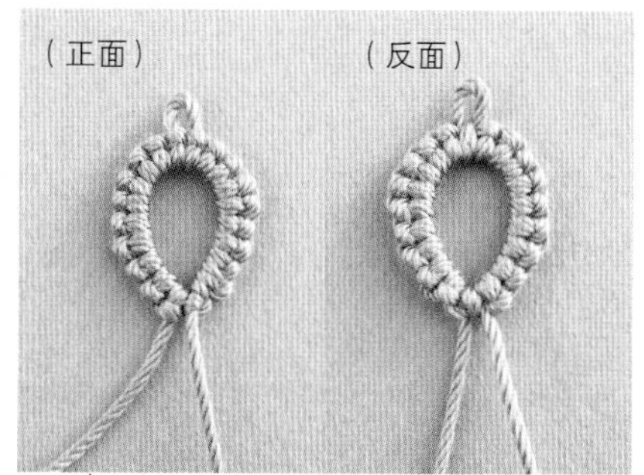

11 带耳的环就完成了。

[用1个梭子编织] 连续编织环

学会1个环的编织方法后，试试连续编织环吧。编织5个环连接成环形，1个花形小花片就完成了。

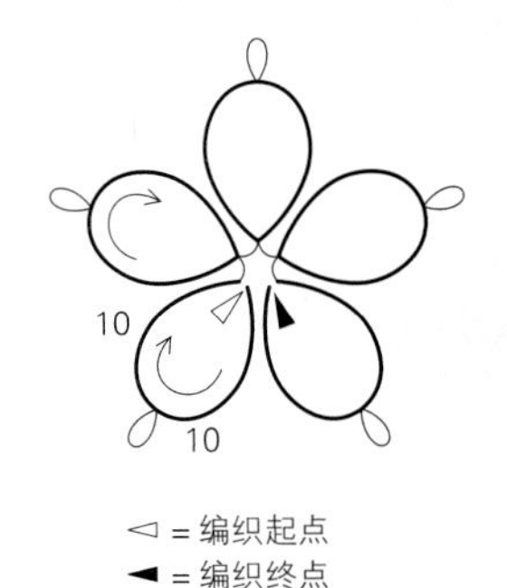

1 编织第2个环。用拇指和食指捏住第1个环，在左手上绕出一个线环。

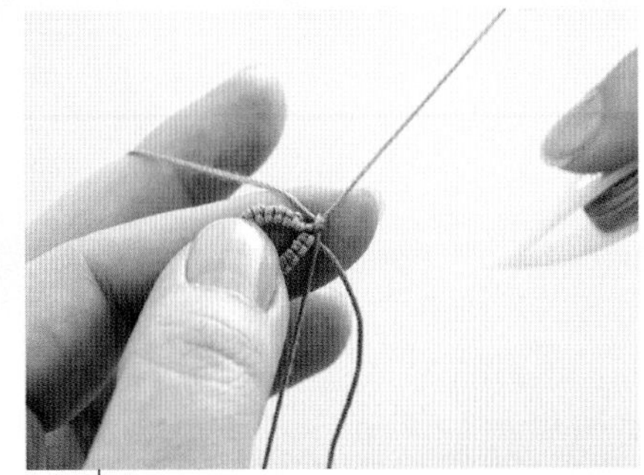

2 编织下针，将其拉至第1个环的边上，接着编织上针。

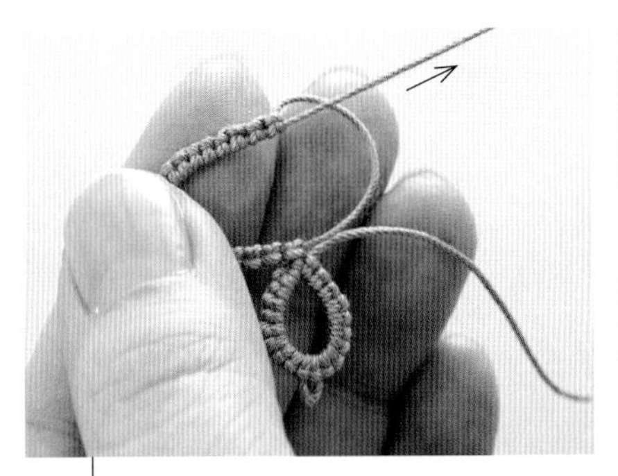

3 编织所需针数后，拉动线收紧线环。

4 第2个环就完成了。

5 按第2个环相同方法，继续编织剩下的环。

● 线头的处理

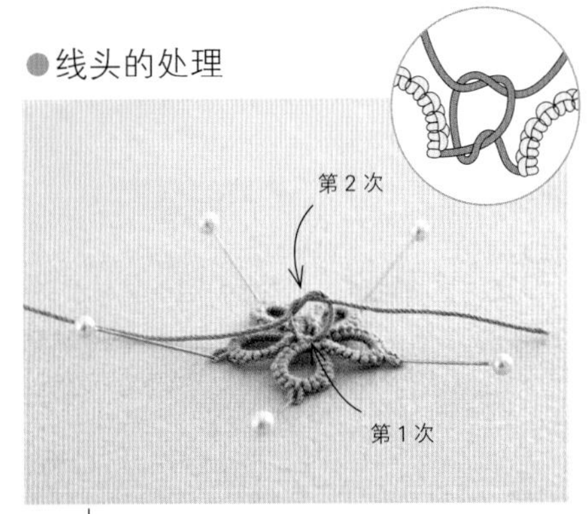

1 将织片反面朝上，用珠针固定在不织布等上面。将线头打结，注意线结要打在环的根部。

2 沿着环的边缘在根部大约3~5 mm处涂上黏合剂，将线头粘好。

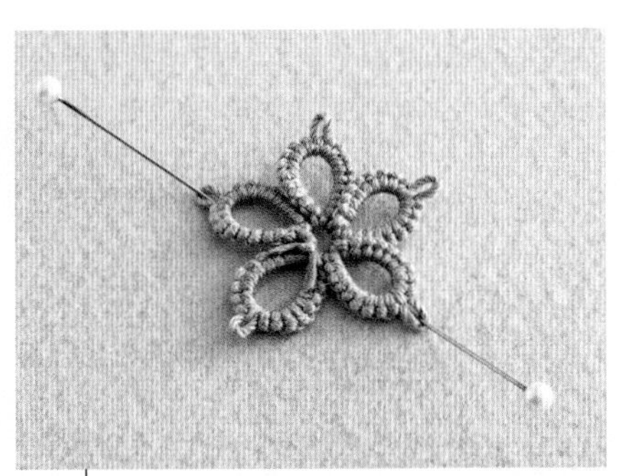

3 等黏合剂晾干后，沿着粘贴边缘剪掉线头。

[用 1 个梭子编织] 编织横向连接的环

与小花片不同，在环与环之间设计了渡线，相邻的环通过耳进行连接。

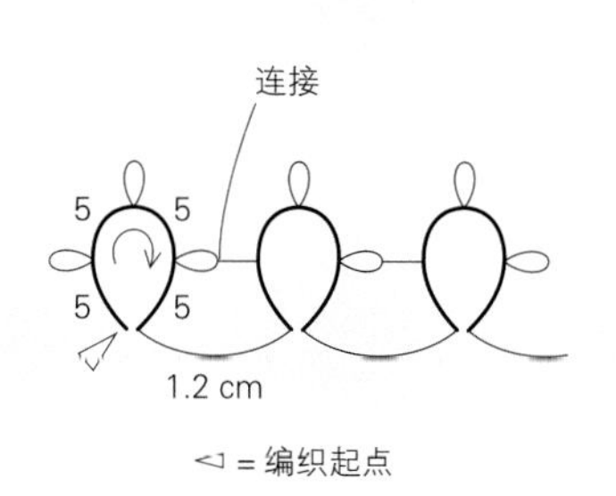

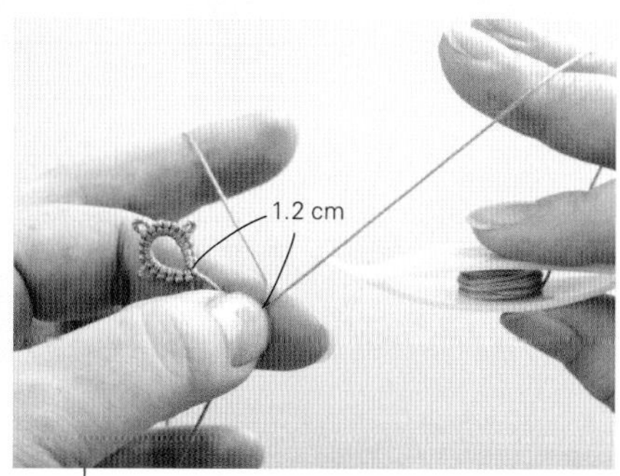

1　将第1个环正面朝上，空出1.2 cm作为渡线，用手指捏住渡线，在左手上绕出一个线环。

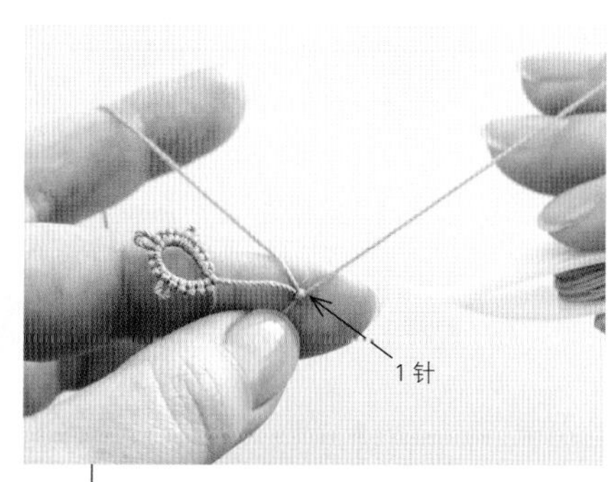

2　按下针、上针编织基础结。

●左侧接耳

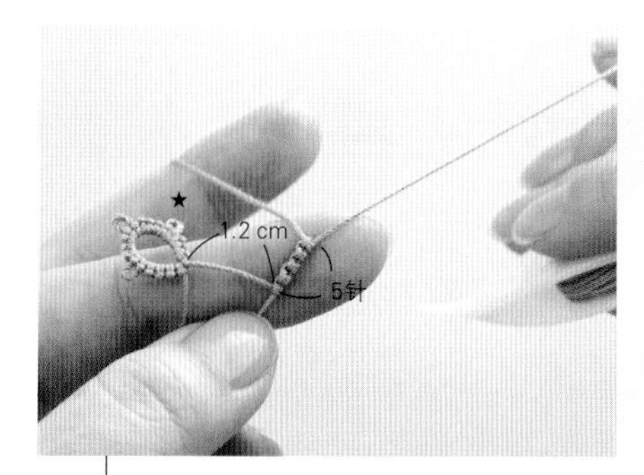

3　连接位置前的5针完成。

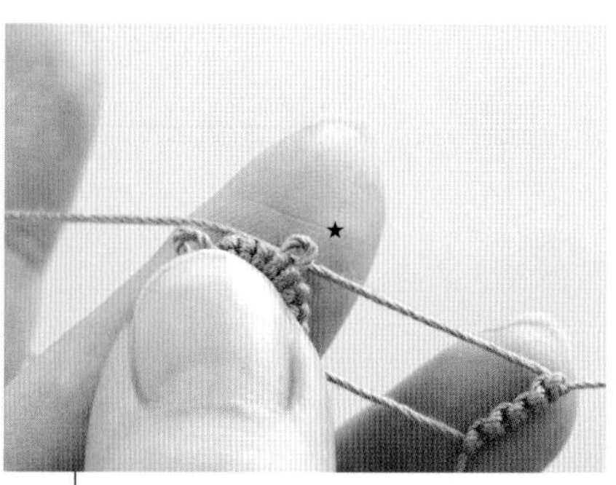

4　将准备连接的耳放在编织线的上面。

5　用梭尖从耳中挑出编织线。

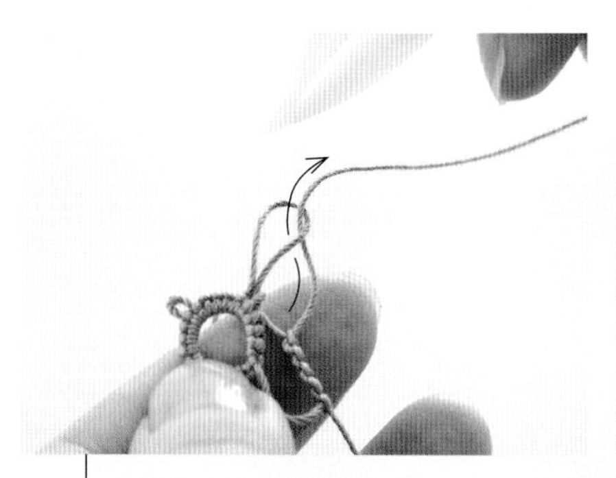

6　在挑出的线圈中穿过梭子。

7　将挑出的线收紧，接耳就完成了。

8　接着编织后面的针目，2个环连接在了一起。

[用1个梭子编织]改变环的方向，上、下侧交替编织

上、下侧交替改变环的方向进行编织，相邻的环通过耳进行连接。
由于上、下2排环的方向不同，一排是环的正面朝上，另一排是环的反面朝上。
如果交替编织相同大小的环，可以编织出2排平行的环组成的带状花片。

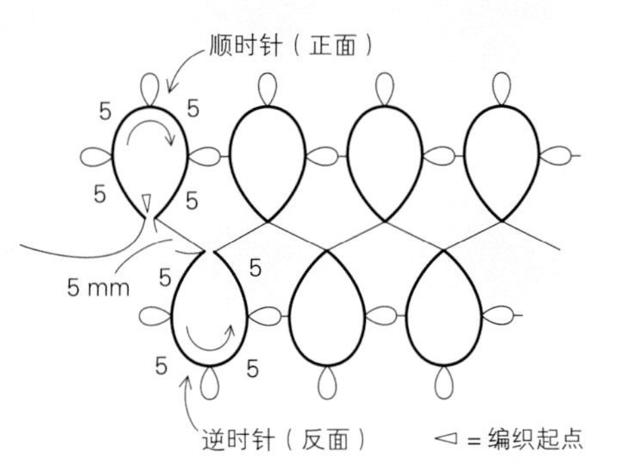

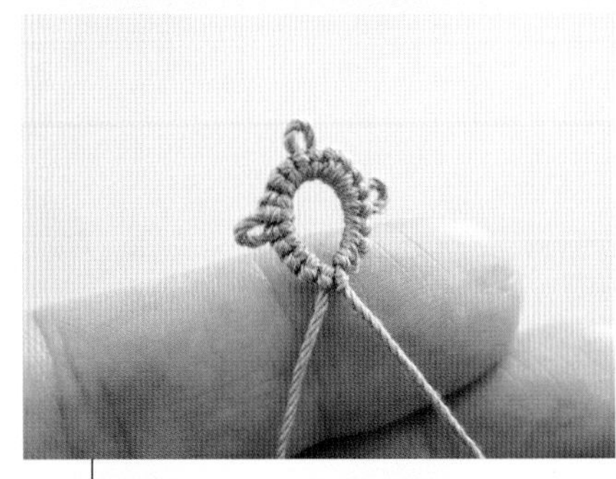

1 第1个上侧的环编织完成。

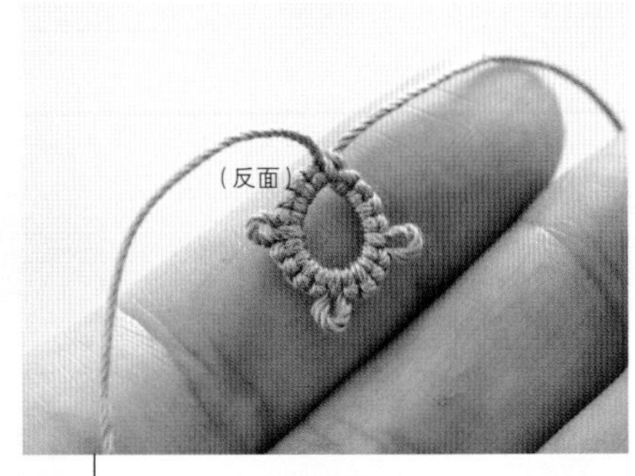

2 调整方向，将环翻至反面。

3 空出5mm作为渡线，用手指捏住渡线。

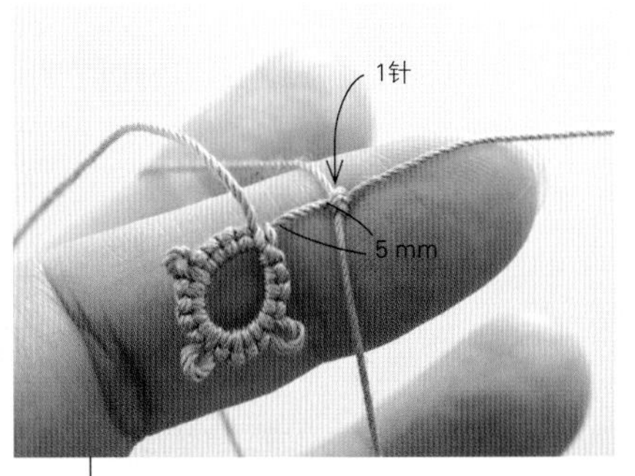

4 编织第2个环。

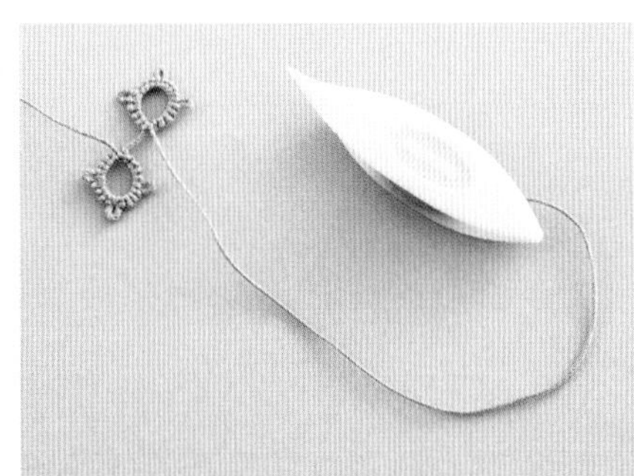

5 下侧的环编织完成。

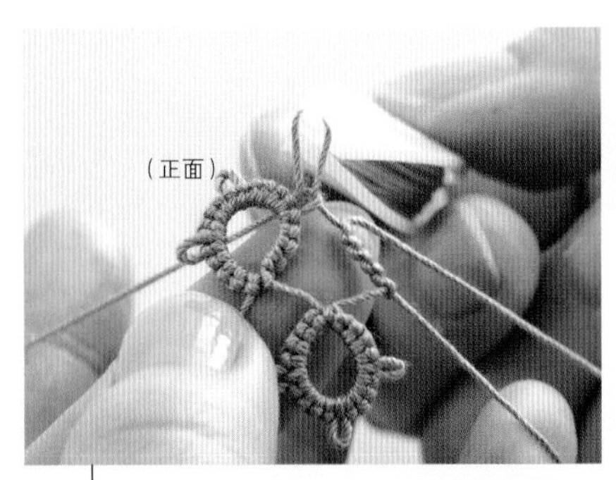

6 调整环的方向，编织第3个环。编织5针后，与第1个环做左侧接耳（参照p.39）。

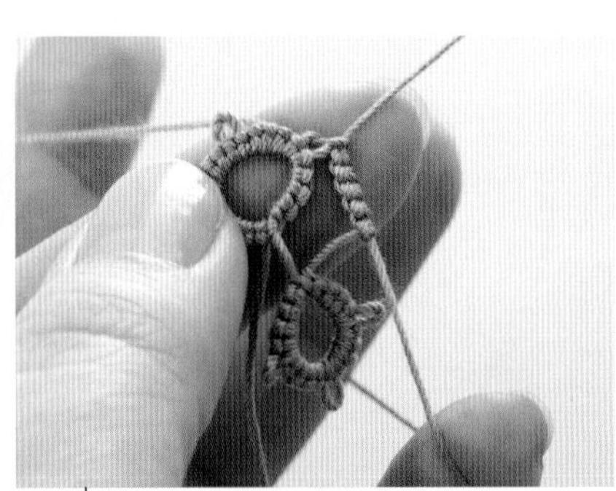

7 与第1个环的接耳完成。

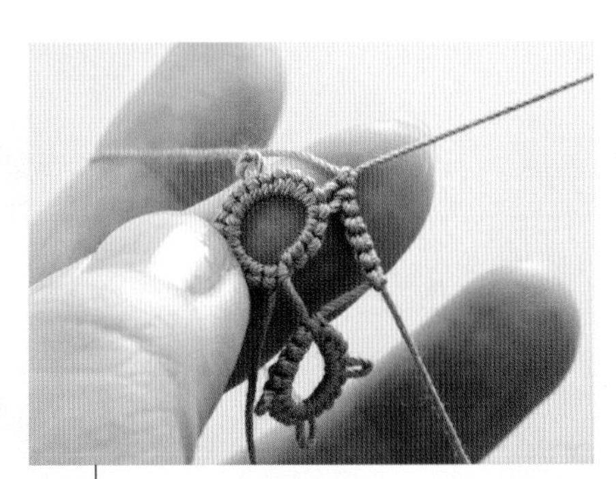

8 继续编织后面的针目。

［用1个梭子编织］改变内、外侧环的大小，连接成环形

交替改变环的方向编织时，缩小内侧的环，加大外侧的环，就会形成曲线。
只要掌握了这个技巧，就可以编织出圆形的花片。

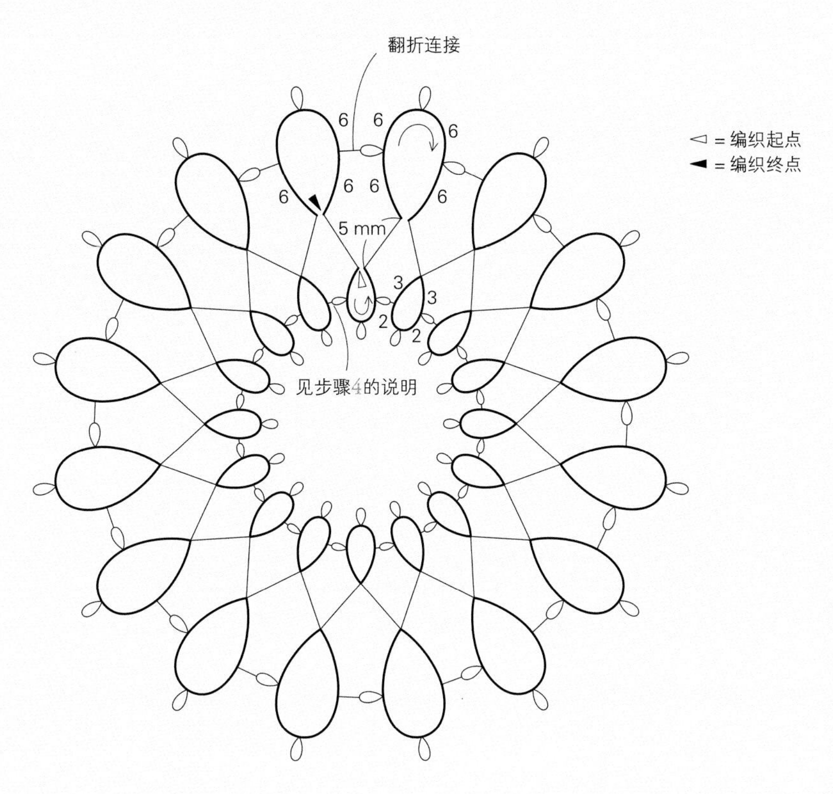

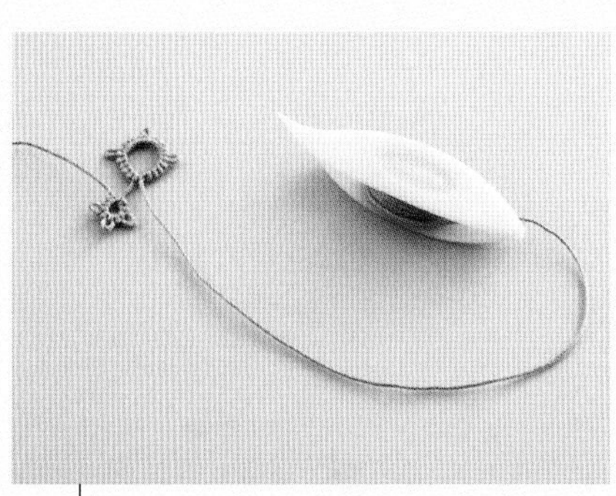

1 参照p.40，交替编织内侧和外侧的环。

2 内侧和外侧都编织至剩下最后1个环。

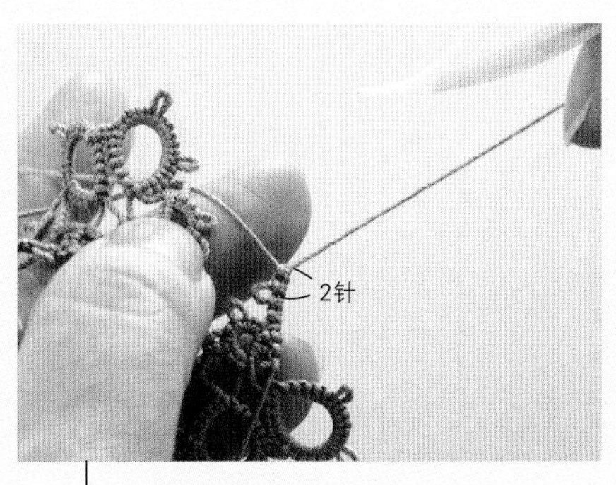

3 内侧最后的环编织至准备与最初的环做连接的位置前。

4 按左侧接耳的方法，与最初的环做连接。

5 编织剩下的3针，拉紧环的芯线。

6 内侧的环连接成了环形。

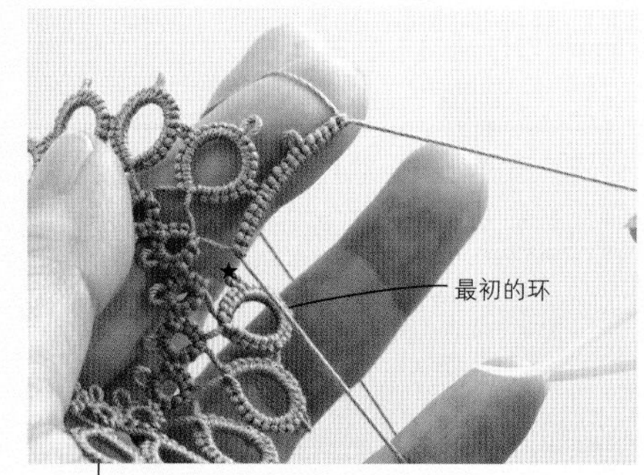

7 外侧最后的环编织至准备与最初的环做连接的位置。

● 翻折连接

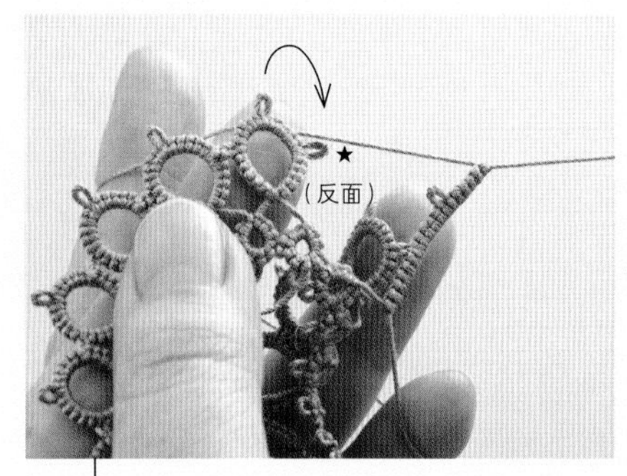

8 将花片对折，使最初的环反面朝上。

9 就像一个人低头行礼一样，再将最初的环向后侧翻折，露出正面。

10 按左侧接耳的方法，从耳中挑出编织线，直接穿过梭子。

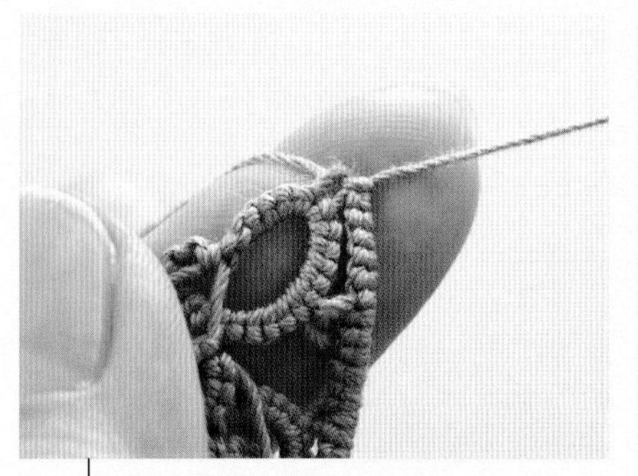

11 拉动刚才挑出的线进行调整。

12 继续编织剩下的6针，拉紧环的芯线。

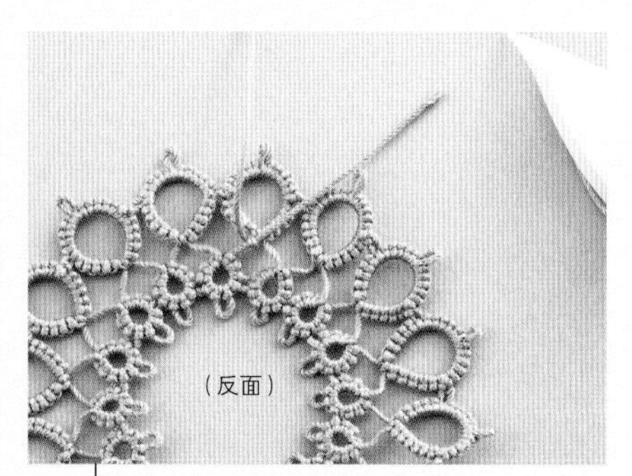

13 在大环的根部将编织起点和编织终点的线头打结，做好线头处理。

[用1个梭子编织] 加入线团编织环和桥

调整方向，交替编织环和桥。用梭子编织环，用线团上的线作为桥的编织线。

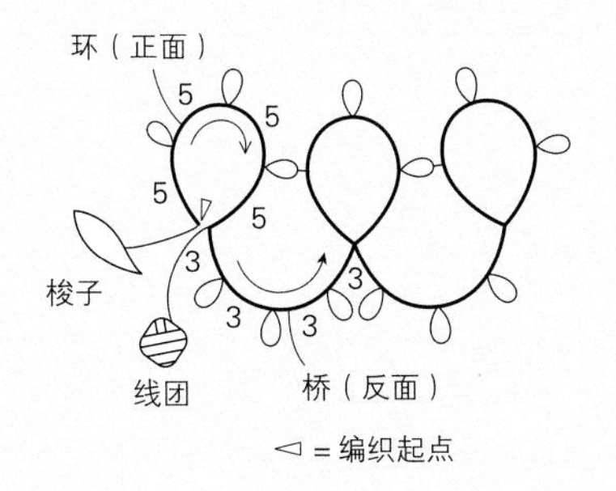

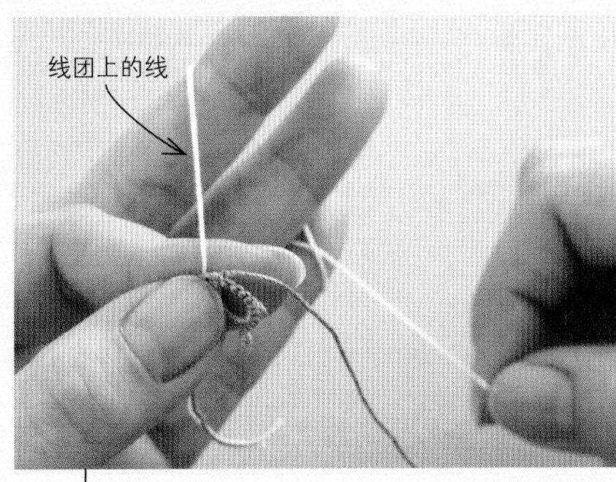

1 将第1个环翻至反面，用左手的拇指和食指一起捏住环和线团上的线头。将线团上的线从左手的外侧挂在中指和无名指上，再从小指的内侧从下往上绕一圈。

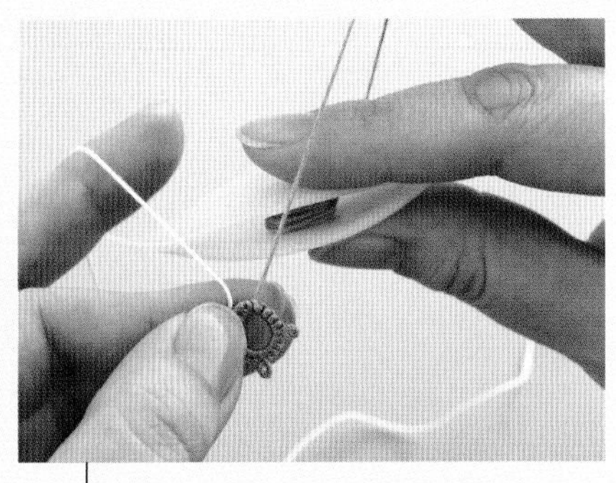

2 右手拿梭子，参照p.62编织桥。

3 梭子上的线为芯线，线团上的线为编织线，形成桥的针目。

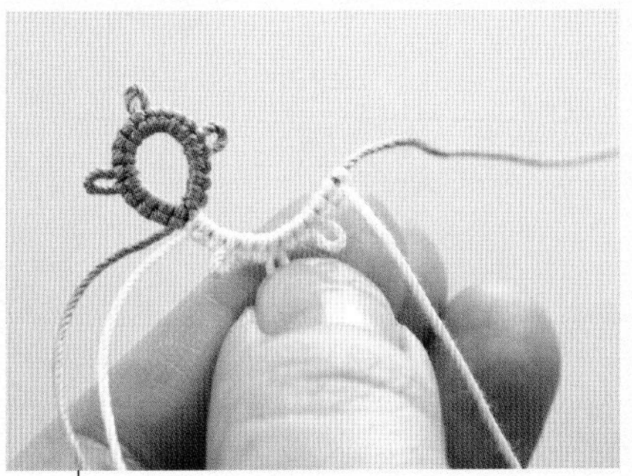

4 调整方向，将环翻至正面。

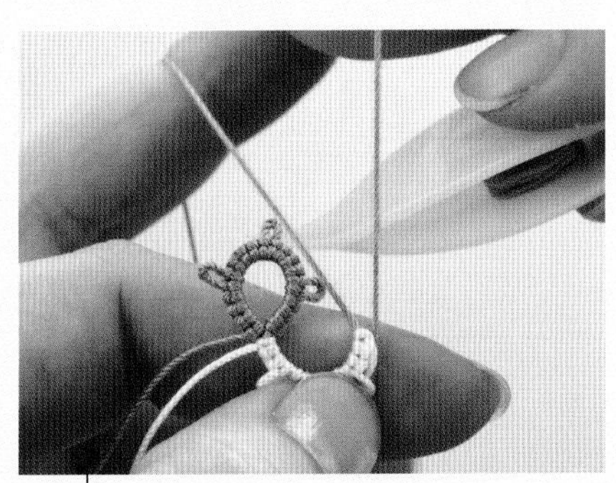

5 将梭子上的线绕在左手上。

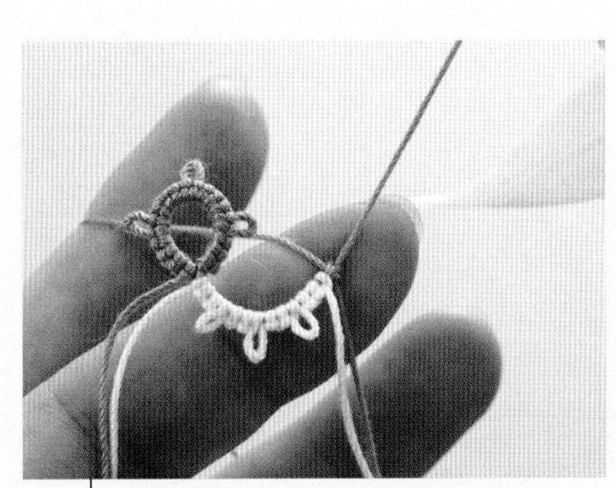

6 编织第2个环。

7 按左侧接耳的方法，与第1个环做连接。

［用梭子+线团编织的花片］银莲花

在这片花片中，环是反面，桥是正面。

★ = 留出2 m长的线头

◁ = 编织起点

◀ = 编织终点

桥（4、P、3、P、3、P、3、P、3、P、4）

（注：P代表耳，数字代表针数）

1 从线团上拉出线缠在梭子上，直接编织中间的环。

2 将环头朝下翻至反面，再将线团上的线挂在左手上。

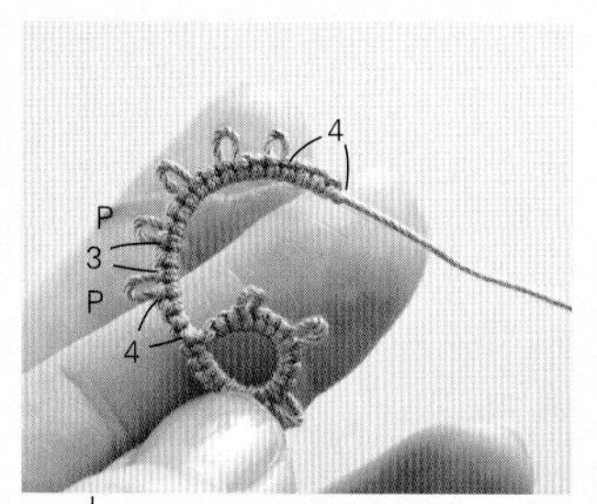

3 线团上的线为编织线，梭子上的线为芯线，按“4、P、3、P、3、P、3、P、3、P、4” 编织桥。

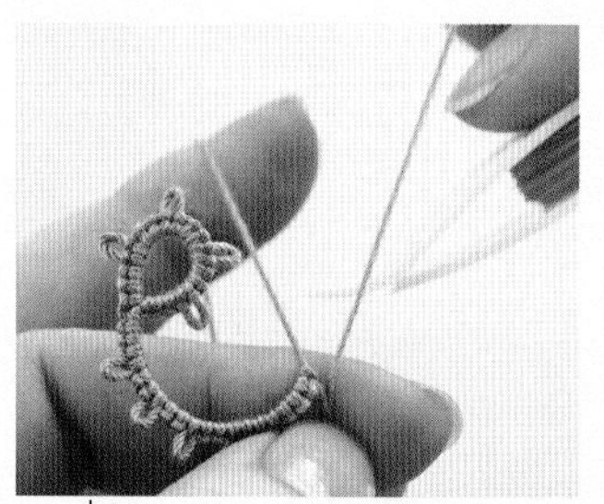

4 调整方向，将梭子上的线在左手上绕出一个线环，编织下一个环。

5 编织4针，与中间环上的耳做左侧接耳。

6 接耳完成。

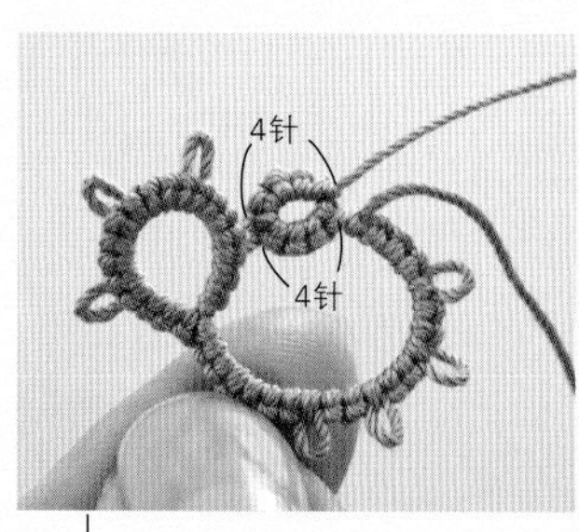

7 接着编织4针，将环收紧。

8 调整方向，将线团上的线挂在左手上编织桥。

9 交替着重复编织桥和环，编织至第5个桥。

10 在桥的编织起点，从后侧将钩针插入编织线和芯线之间的空隙。

11 挂上梭子上的线。

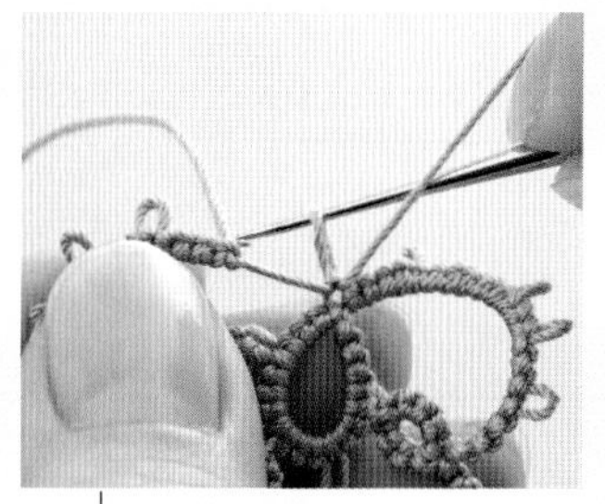

12 拉出。

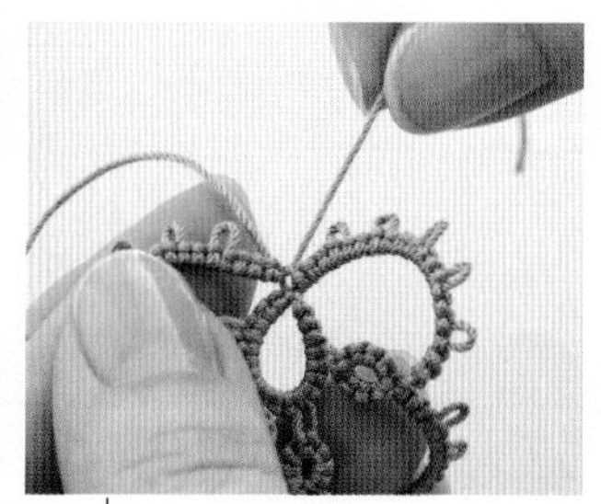

13 将拉出的线和线团上的线分别留出10 cm左右的线头剪断。

14 将织片翻至反面，做好线头处理。

15 编织第3圈。预先从梭子上拉出2 m长的线头。将桥正面朝上拿好，用梭子从指定位置的耳中挑出线。

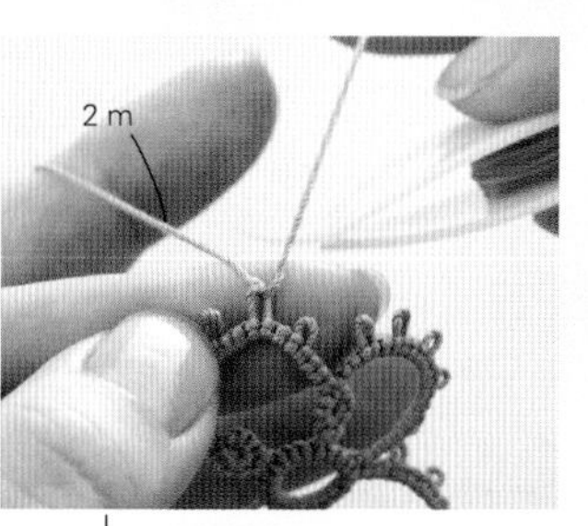

16 在挑出的线圈中穿过梭子，收紧线圈。

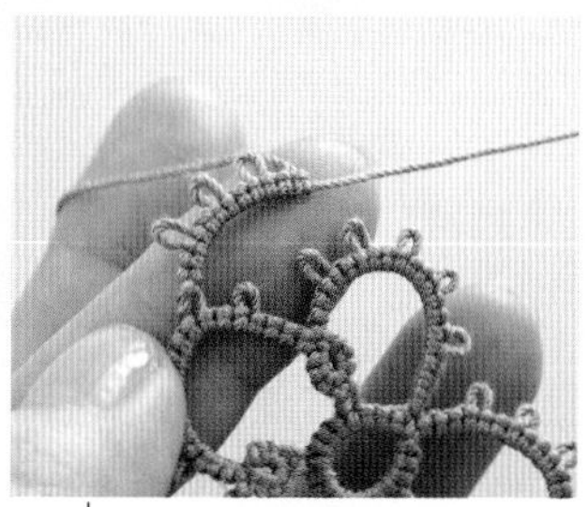

17 将预留的线挂在左手上，按“3、P、3、P、3、P、3”编织桥。

●右侧接耳

18 将准备连接的耳放在左手的编织线上，用梭尖从耳中挑出编织线。

19 直接在挑出的线圈中穿过梭子，拉动刚才挑出的线进行调整。

20 右侧接耳完成后，又编织了3针。

21 继续编织桥至下一处与环做连接的位置。

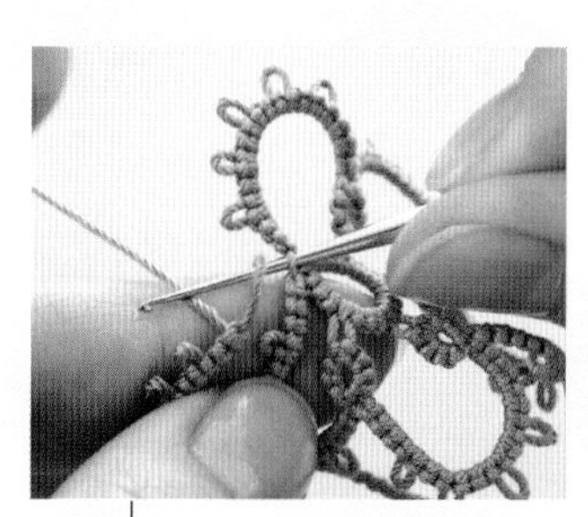

22 在前一圈的编织终点位置，从前往后插入钩针。

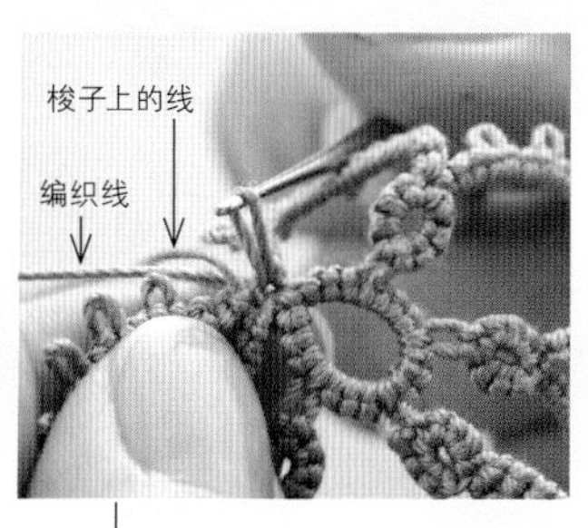

23 将编织线挑出。

24 直接在挑出的线圈中穿过梭子，拉动刚才挑出的线进行调整。

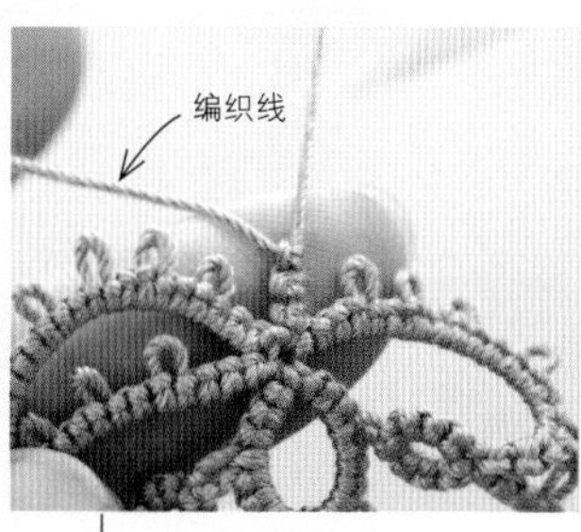

25 将编织线挂在左手上，接着编织桥。

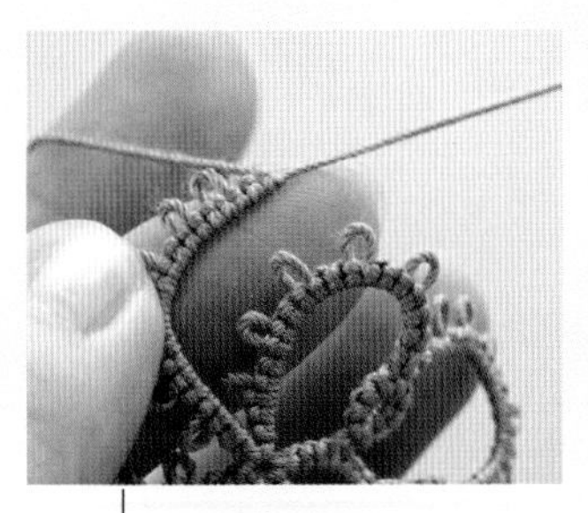

26 桥编织结束后，与前一圈的耳做连接。

27 最后的桥编织完成。

28 将芯线留出10 cm左右的线头剪断，再从正面将线头穿入准备连接的耳中。

29 将织片翻至反面，再将编织线和芯线打结，做好线头处理。

[用 2 个梭子编织]

使用 2 个梭子编织时，交替拿着 2 个梭子进行编织。
图解中，黑色线表示用梭子 a 编织，褐色线表示用梭子 b 编织。
由于梭子上的线变成了芯线，所以针目呈现的颜色是左手挂线的颜色。

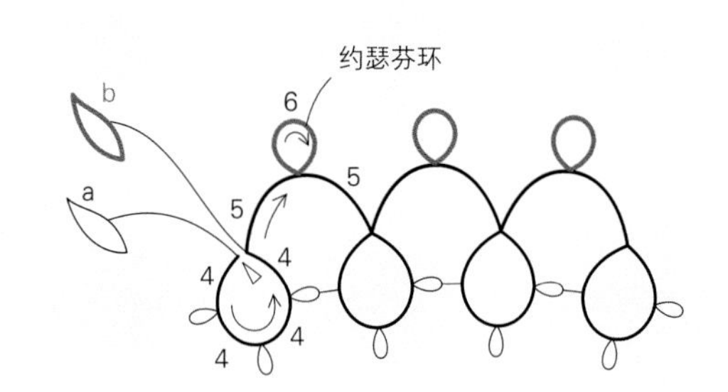

1 用梭子a编织最初的环。调整环的方向，将梭子b的线挂在左手上，用梭子a编织5针的桥。

约瑟芬环

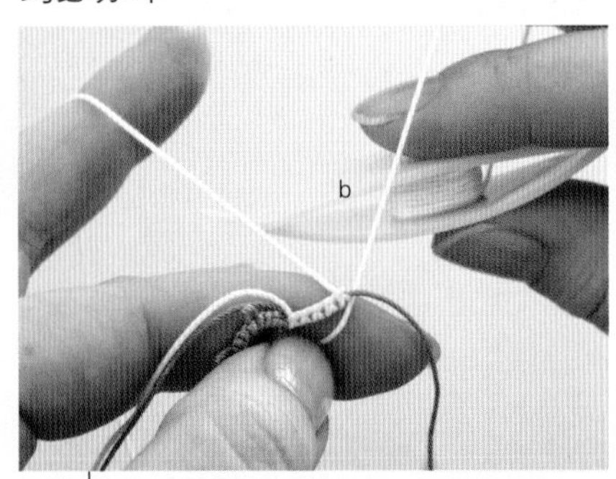

2 换成梭子b编织环。

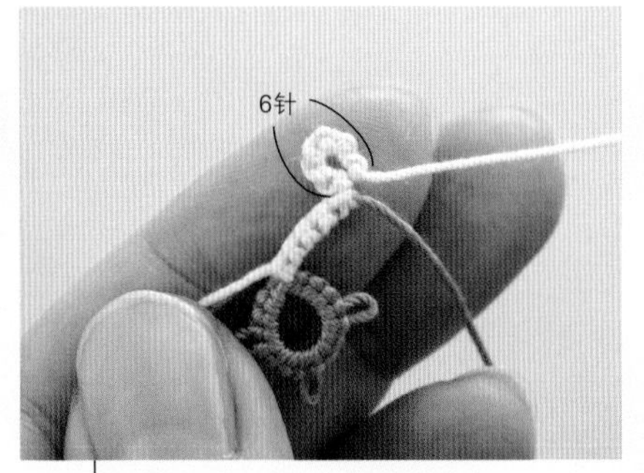

3 在桥的中途编织的环就叫作“约瑟芬环”。

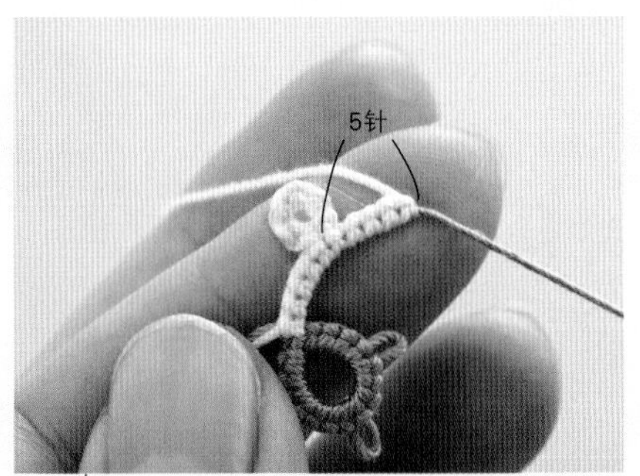

4 换成梭子a，重新在左手挂上梭子b的线，继续编织桥。

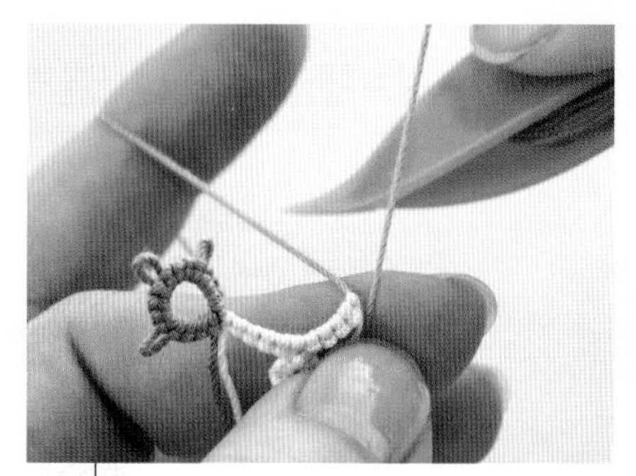

5 翻转织片，用梭子a编织环。

6 按左侧接耳的方法，与最初的环做连接。

7 环用梭子a编织，桥用梭子a和梭子b的线编织，约瑟芬环用梭子b编织。

本书使用线材介绍

本书作品全部使用奥林巴斯蕾丝线（数据截至2019年6月30日）

线材图片均为实物大小

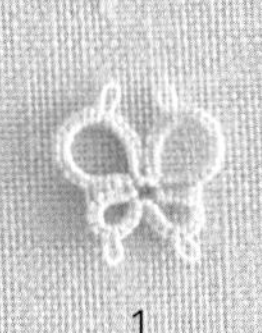

1

2

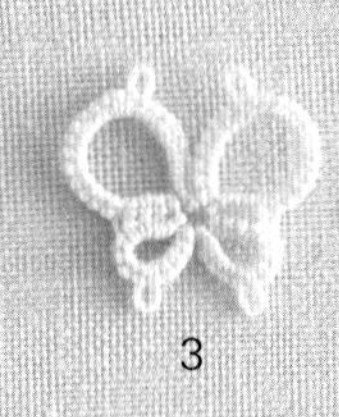

3

4

	线名	成分	适用蕾丝钩针	规格/线长	备注
1	梭编蕾丝线〈细〉	棉100%	—	每团约40 m	相当于70号蕾丝线
	金票70号蕾丝线	棉100%	10～12号	每团20 g/约348 m	仅白色1种颜色
2	梭编蕾丝线〈金银丝线〉	涤纶100%	—	每团约40 m	相当于40号蕾丝线
3	金票40号蕾丝线	棉100%	6～8号	每团10 g/约89 m	
				每团50 g/约445 m	
	金票40号蕾丝线〈段染〉	棉100%	6～8号	每团10 g/约89 m	
				每团50 g/约445 m	
	金票40号蕾丝线〈混染〉	棉100%	6～8号	每团10 g/约89 m	
	梭编蕾丝线〈中〉	棉100%	—	每团约40 m	相当于40号蕾丝线
4	Emmy Grande	棉100%	0号～2/0号钩针	每团50 g/约218 m	
	Emmy Grande〈Colors〉	棉100%	0号～2/0号钩针	每团10 g/约44 m	
	Emmy Grande〈Herbs〉	棉100%	0号～2/0号钩针	每团20 g/约88 m	
	Emmy Grande〈Shaded〉	棉100%	0号～2/0号钩针	每团25 g/约109 m	
	Emmy Grande〈Bijou〉	棉97%、涤纶3%	0号～2/0号钩针	每团25 g/约110 m	

花片装饰的化妆包 蓝星花 图片p.12

[材料和工具]

用线：奥林巴斯　金票40号蕾丝线

米白色(802)3 g

工具：2个梭子

其他：化妆包

[制作要点]

第1圈用梭子和线团编织，结束时将编织起点和编织终点的线头打结并做好线头处理。第2圈用2个梭子编织，内侧的环和桥用梭子a编织，外侧的环用梭子b编织。最后在适当位置将编织完成的花片缝到化妆包上。

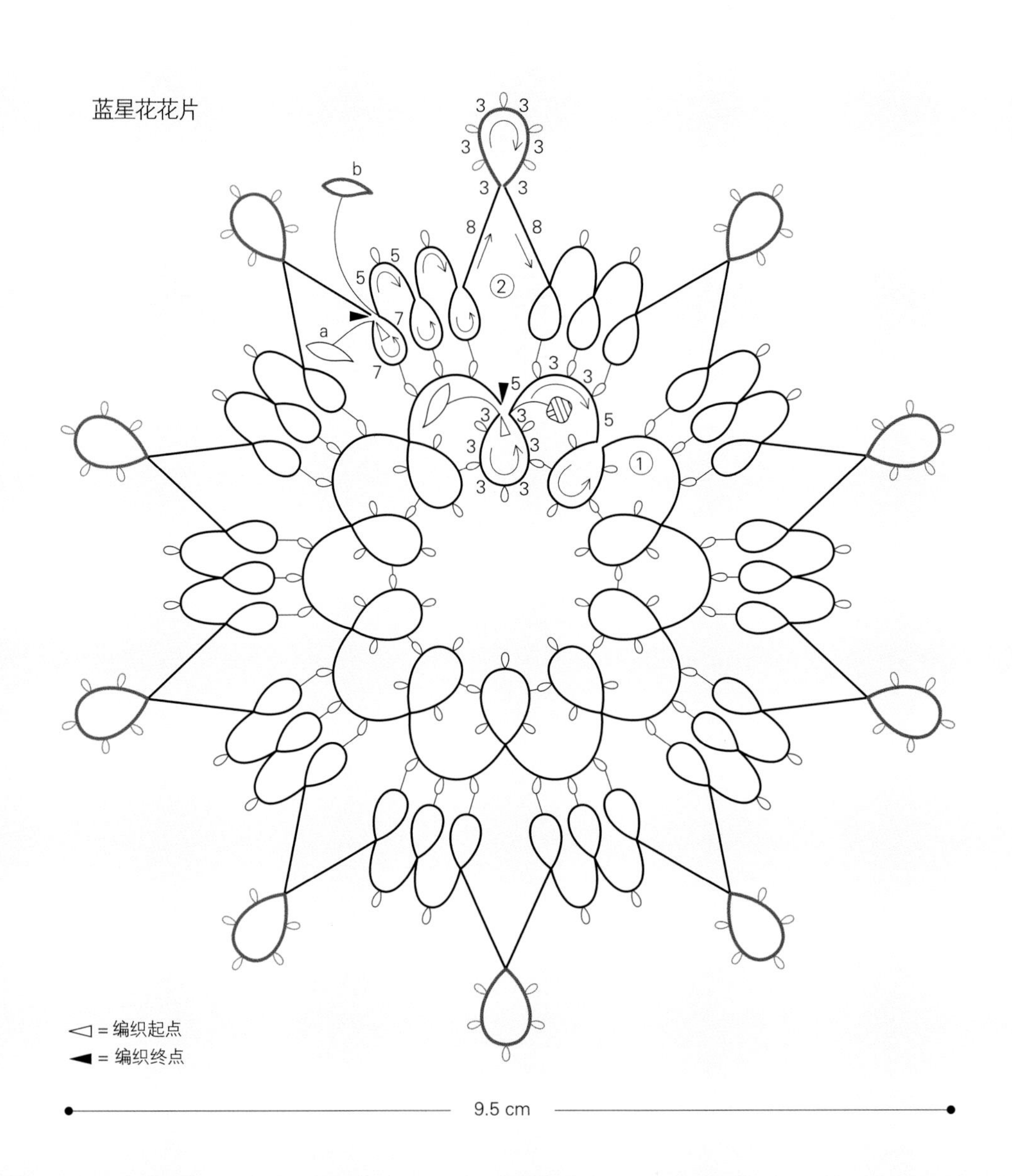

花片装饰的化妆包 海石竹 图片p.12

图片p.12

[材料和工具]

用线：奥林巴斯　金票70号蕾丝线

白色(801)2 g

工具：1个梭子

其他：化妆包

[制作要点]

第1~4圈都用梭子和线团编织。第1圈在最初的环上制作1个稍微大一点的耳，用来连接后面编织的环。最后在适当位置将编织完成的花片缝到化妆包上。

海石竹花片

花片装饰的化妆包 波斯菊 图片p.12

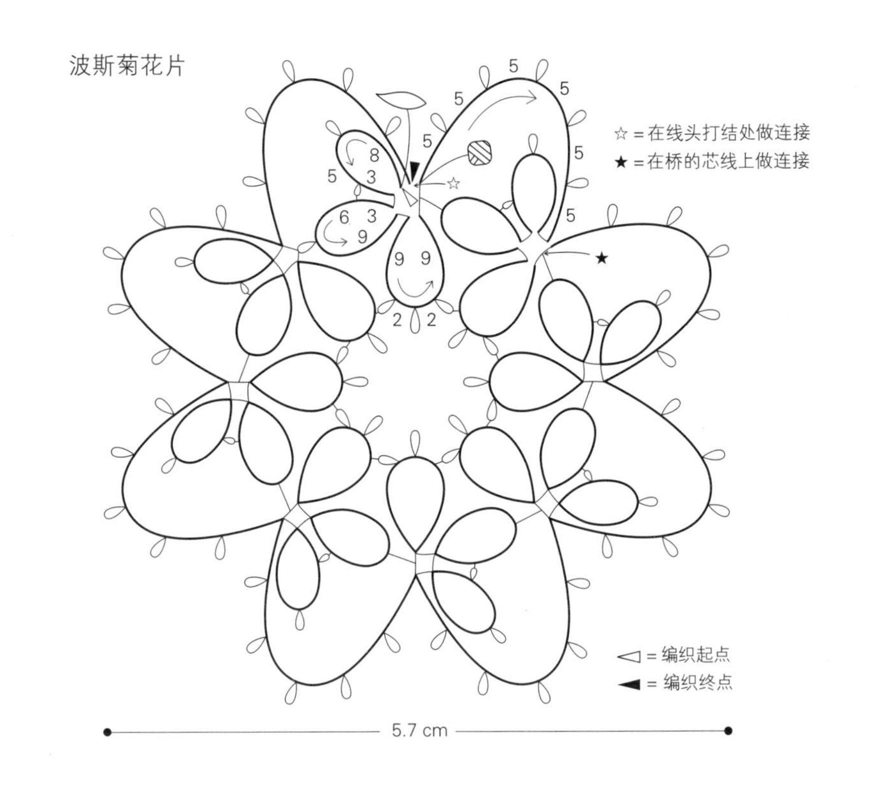

［材料和工具］

用线：奥林巴斯　金票40号蕾丝线

米色(741)3 g

工具：1个梭子

其他：化妆包

［制作要点］

将梭子和线团的2根线头一起打成活结，开始编织。编织3个环，在线头的线结与环之间的线上做连接，然后翻转织片，编织桥。编织结束时，解开编织起点的线结，在反面将编织起点和编织终点的线头打结并做好线头处理。一共编织2片花片，缝在化妆包上。

接p.76

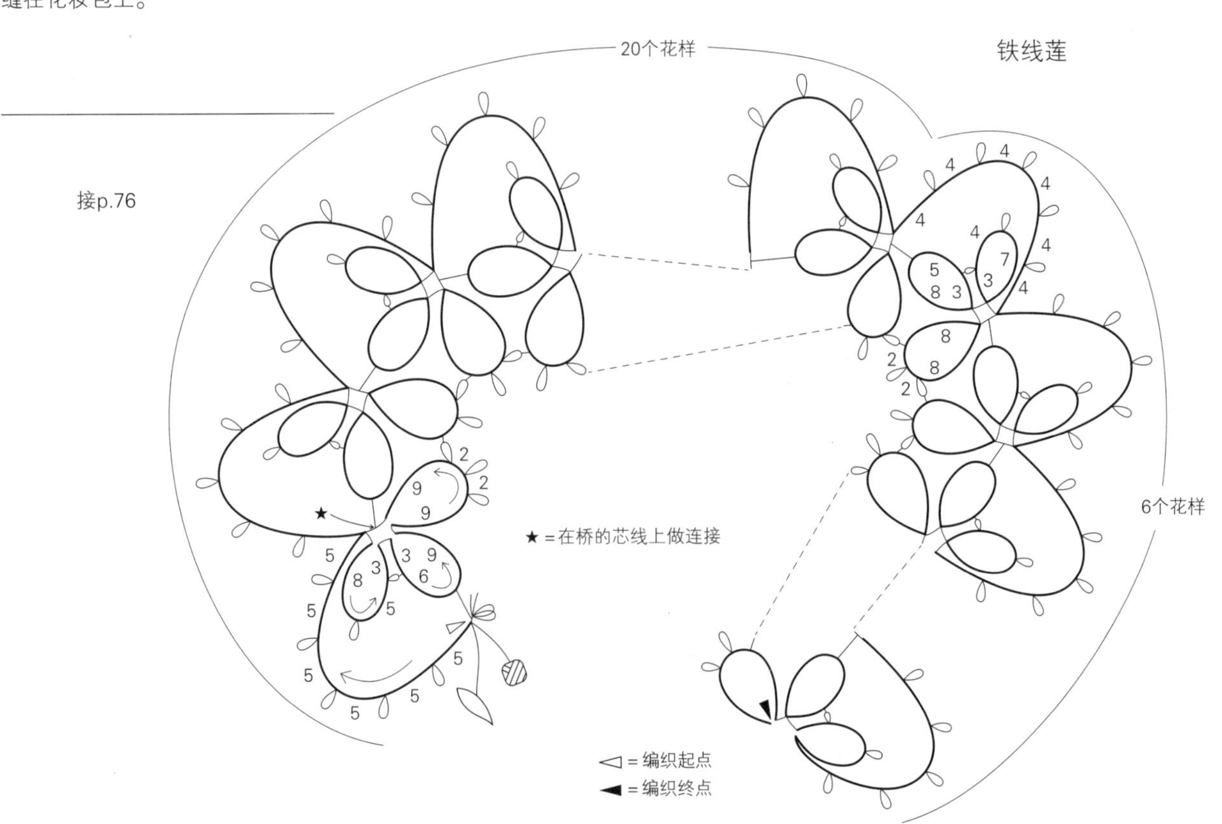

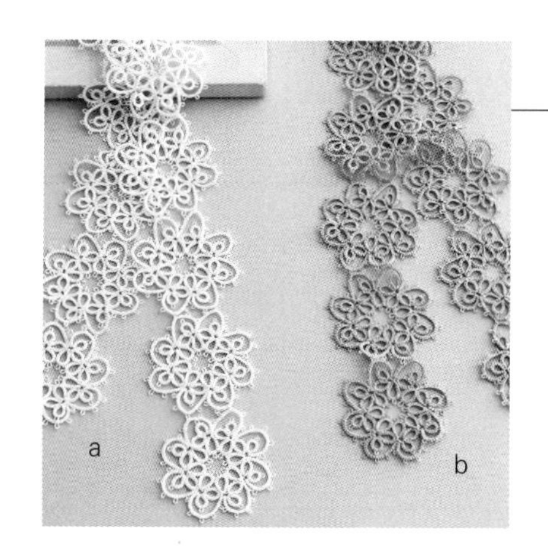

波斯菊窄条围巾 图片p.13

[材料和工具]
用线：奥林巴斯　金票40号蕾丝线
a／象牙白色（852）20 g
b／米色（741）15 g
工具：1个梭子
[制作要点]
将梭子和线团的2根线头一起打成活结，开始编织。编织3个环，在线头的线结与环之间的线上做连接，然后翻转织片，编织桥。编织结束时，解开编织起点的线结，在反面将编织起点和编织终点的线头打结并做好线头处理。从第2片花片开始，一边编织一边与相邻花片在桥的2处做连接。

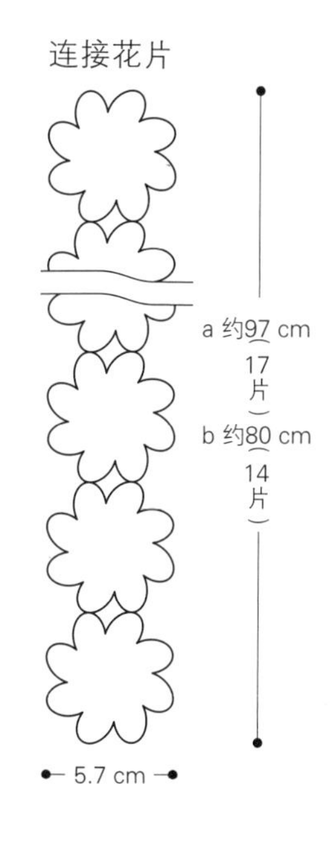

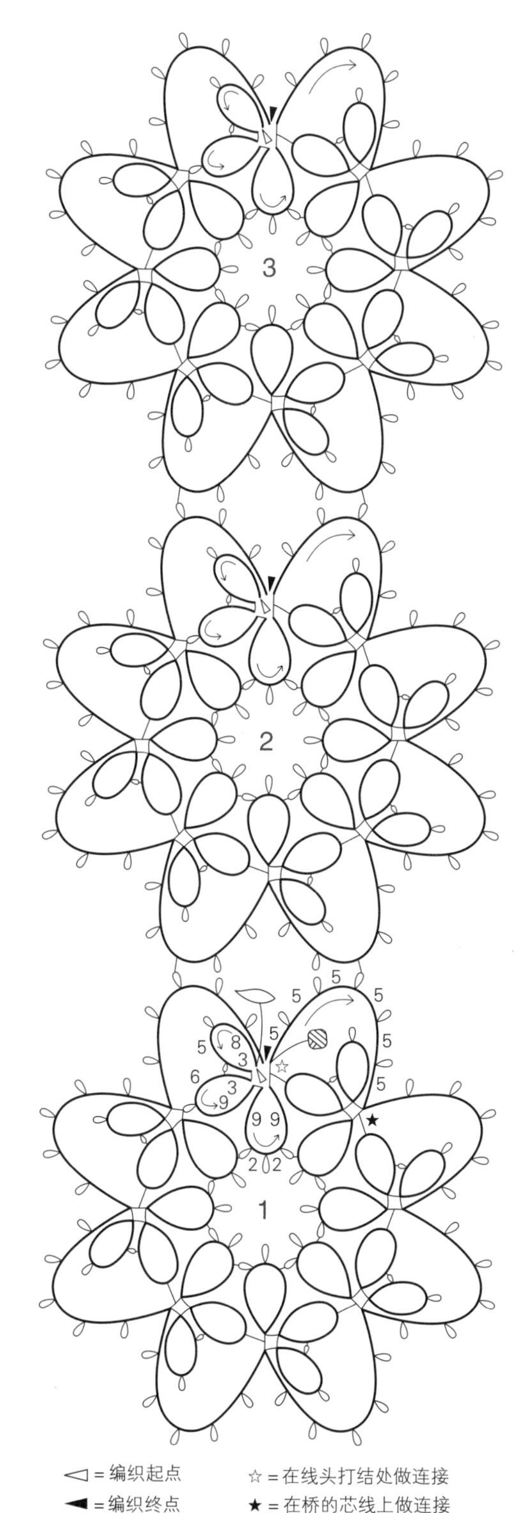

◁＝编织起点
◀＝编织终点
☆＝在线头打结处做连接
★＝在桥的芯线上做连接

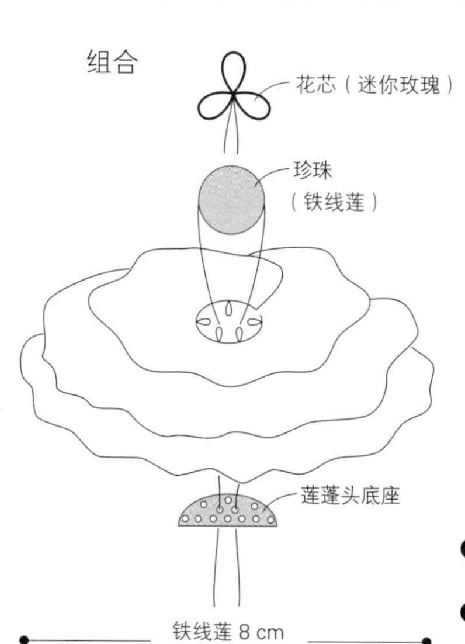

❶以主体的编织终点为中心重叠花瓣并整理好形状，缝在莲蓬头底座上
❷在中心缝上珍珠（花芯）

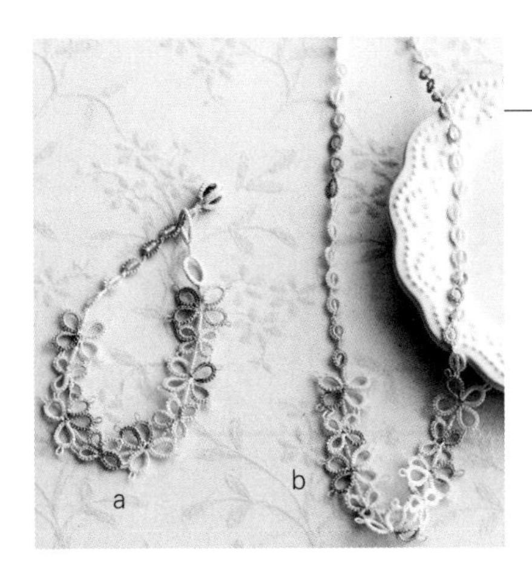

小花项链和手链 图片p.4、5

［材料和工具］

用线：奥林巴斯　金票40号蕾丝线〈段染〉a、b/粉红色系（71），c／蓝色系（22B），d／绿色系（68）

工具：1个梭子

其他：小号圆珠b（粉红色）/158颗，a（粉红色）、c和d（透明）/各69颗；水晶珠8 mm a、c、d（透明）/各1颗

［制作要点］

在线中穿入串珠后缠在梭子上。

手链／编织最初的环，移过3颗串珠后，编织下一个环。在反面沿着环的边缘渡线后，在耳上做连接，再移过3颗串珠。接着编织4个环的小花片。将梭子绕到第2个和第3个环的中间，在第1个环中从前面插入梭尖挑出编织线，在挑出的线圈中穿过梭子后收紧线圈。移过5颗串珠，编织下一片小花片。从第2片小花片开始，编织第1个和第4个环时，与前一片小花片做连接。连接第4个环时，翻折前一片小花片进行接耳。最后编织小球，做好线头处理。

项链／参照手链进行编织。

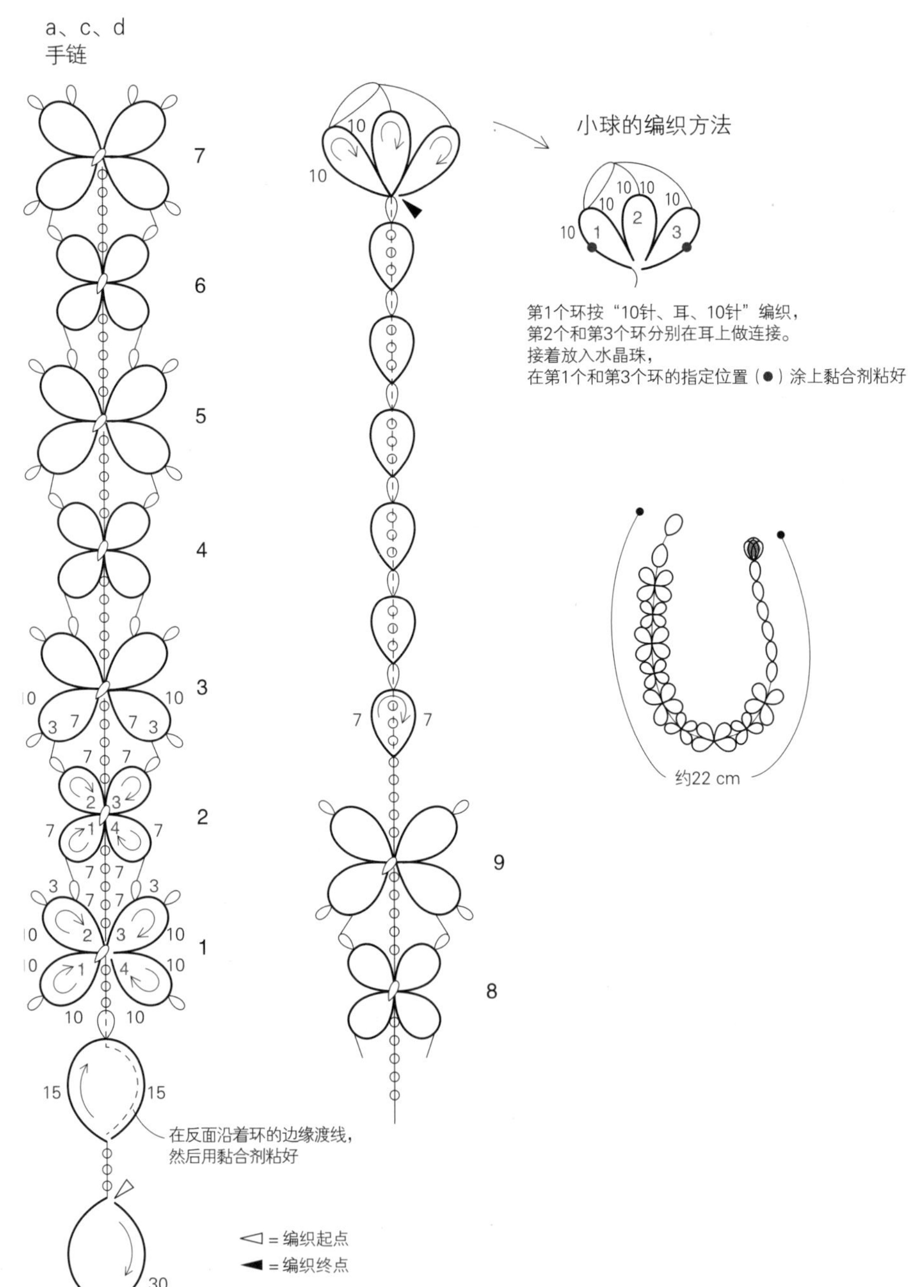

b
项链

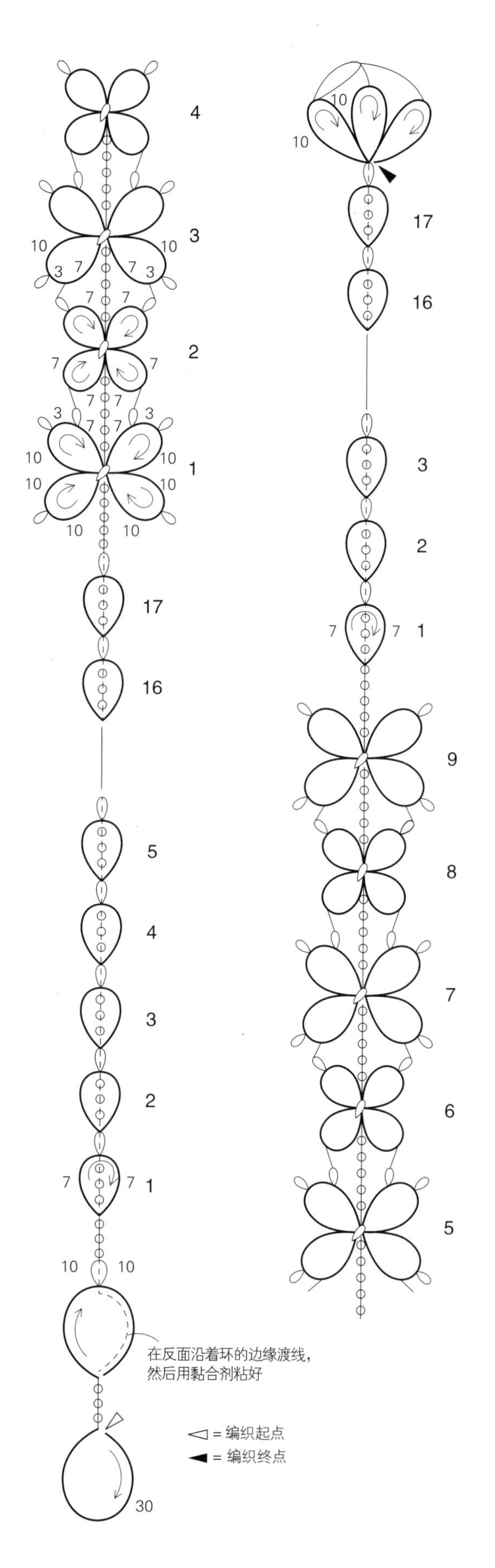

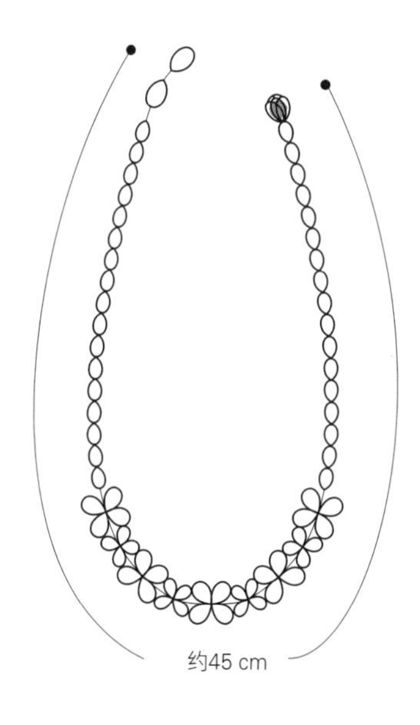

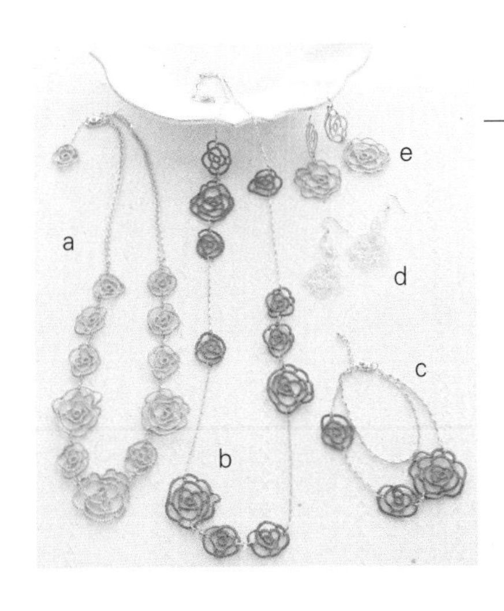

玫瑰花项链、挂钩式耳环和手链

图片p.6

［材料和工具］

用线：奥林巴斯　金票40号蕾丝线

a、e／浅茶色（813）共10 g

b、c／巧克力色（455）共10 g

d／原白色（731）少量

工具：1个梭子

其他：参照图示

［制作要点］

a、b、c、e／花片（大）和（小）都是在梭子上缠好线，直接留出指定长度的线头，从中间的环开始编织。分别编织指定数量的花片，参照图示安装金属配件。

d／编织花片时，在梭子上缠好线，直接留出指定长度的线头，从环开始编织。接着编织连环花样。编织第2个环时，将线头穿入第1个环后绕在左手上编织。第3个环按第2个环相同方法编织。参照图示安装金属配件。

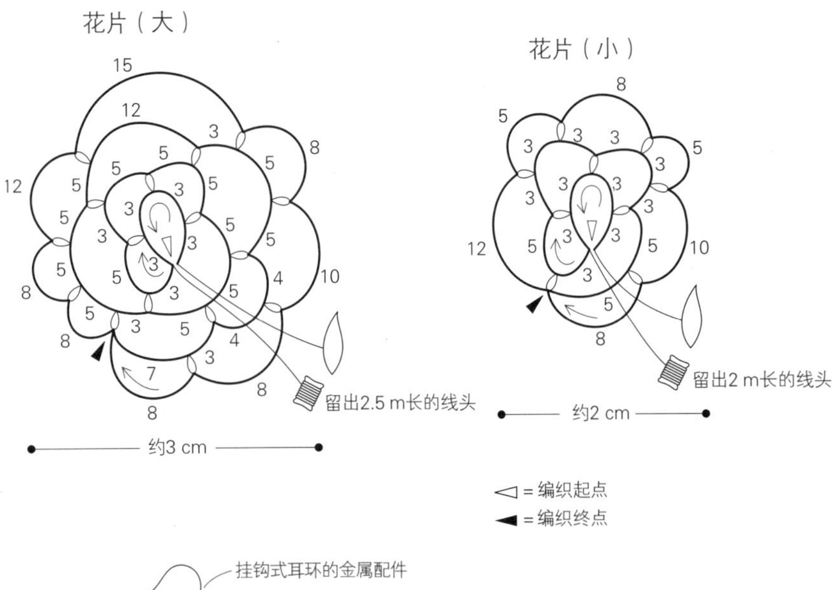

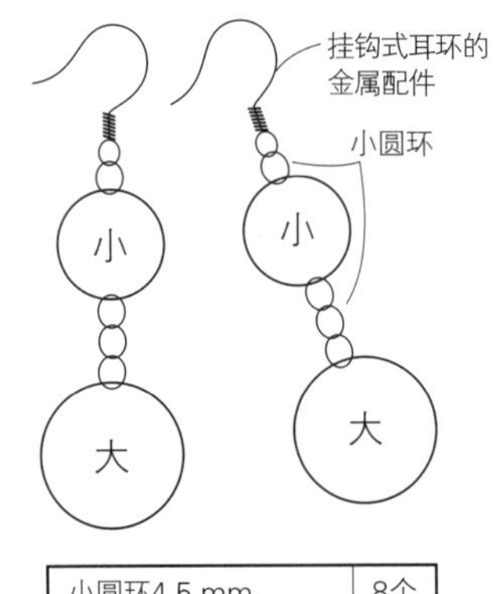

小圆环4.5 mm	8个
挂钩式耳环的金属配件	1对

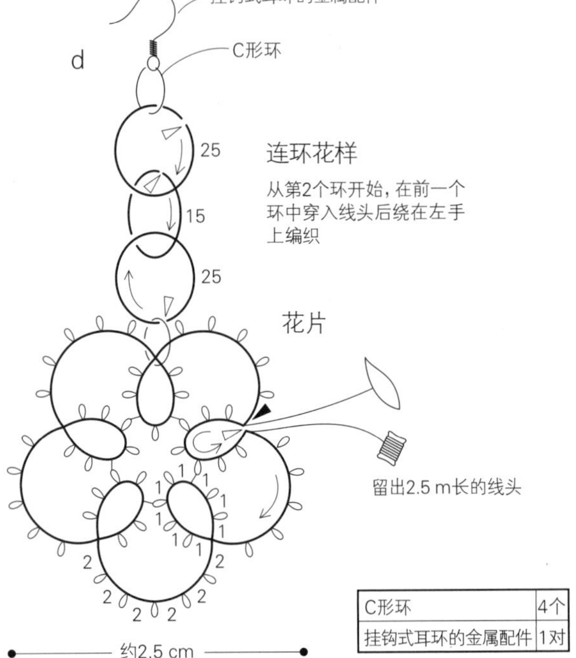

C形环	4个
挂钩式耳环的金属配件	1对

链子	30 cm
小圆环4.5 mm	11个
连接扣	1组
调节链	1条

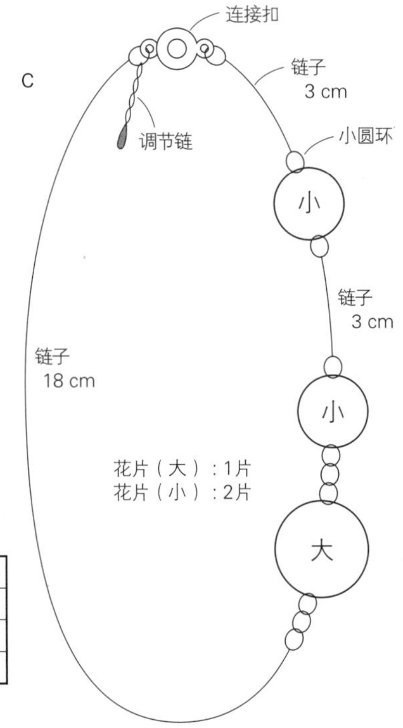

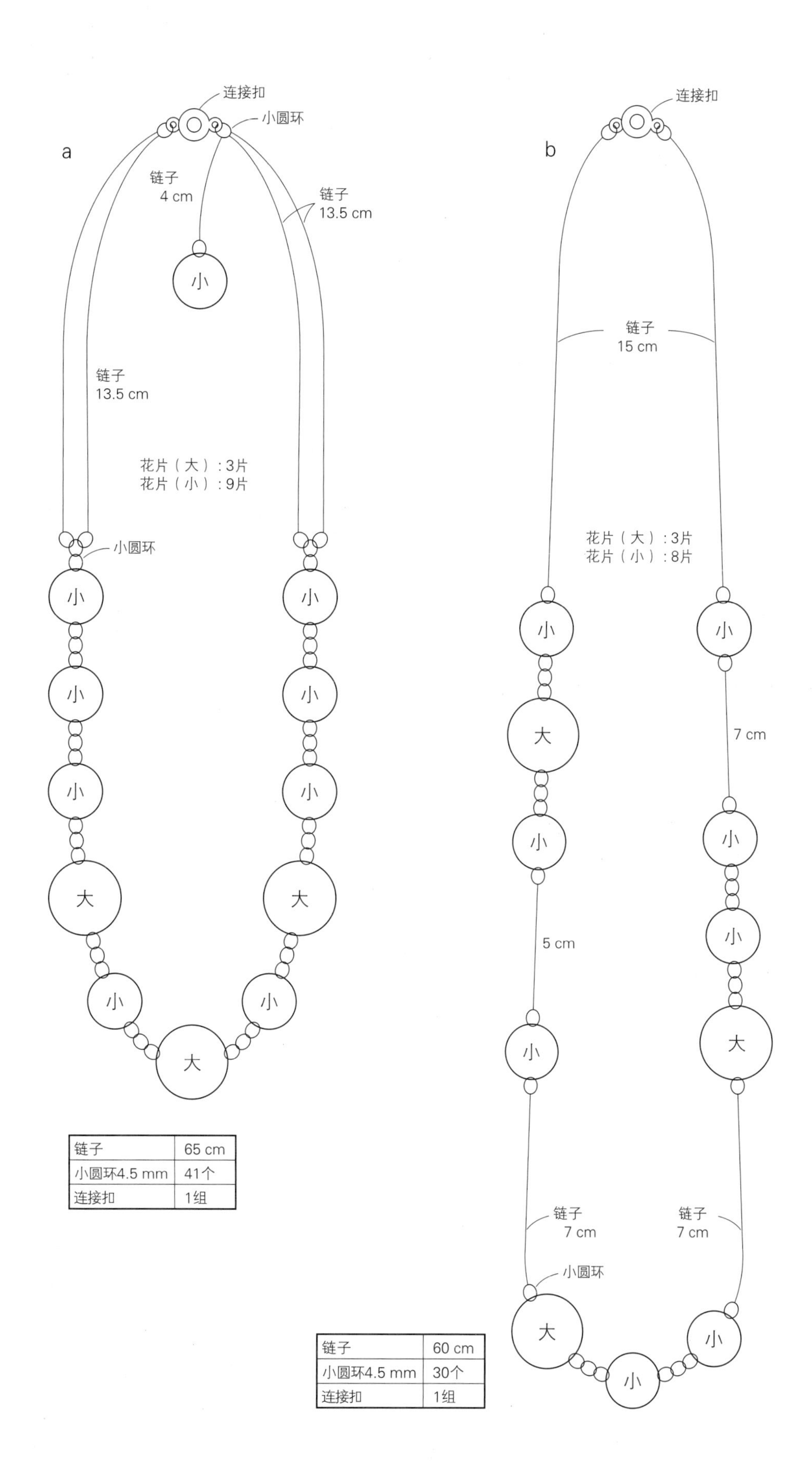

链子	65 cm
小圆环4.5 mm	41个
连接扣	1组

链子	60 cm
小圆环4.5 mm	30个
连接扣	1组

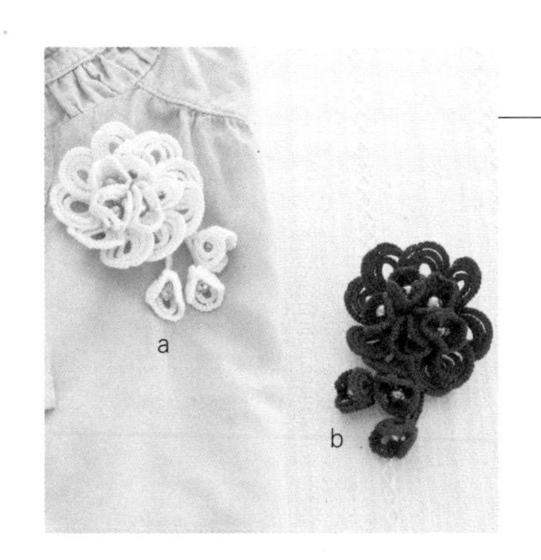

古典玫瑰胸花

图片p.7

［材料和工具］
用线：奥林巴斯　Emmy Grande〈Colors〉
10 g　a／原白色（804），b／黑色（901）
工具：1个梭子
其他：珍珠 6 mm 各8颗
a／铜色，b／铁灰色；
直径2.4 cm 的胸针金属配件各1个
［制作要点］
编织花瓣时，首先编织中心的环，接着翻转织片，一边编织中间的环一边做接耳。再次翻转织片，一边编织外侧的环一边与中心的环做接耳。在3个环的根部一起做梭线连接，空出5 mm渡线编织下一片花瓣。花芯按花瓣相同方法编织，不过从第2片花瓣开始一边编织一边与相邻花瓣在外侧的环上做接耳。制作坠饰时，分别在编织起点和编织终点留出15 cm左右的线头。穿入珍珠的线也留出15 cm长的线头，将线穿入缝针，固定茎部。最后参照图示，将各部分缝在胸针金属配件上。

花瓣

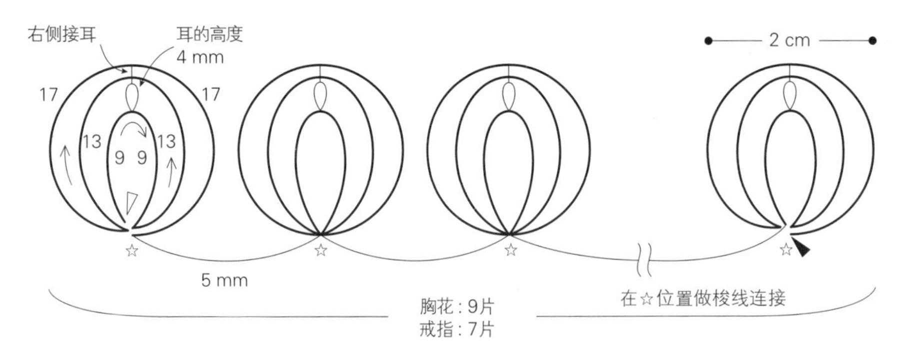

梭线连接

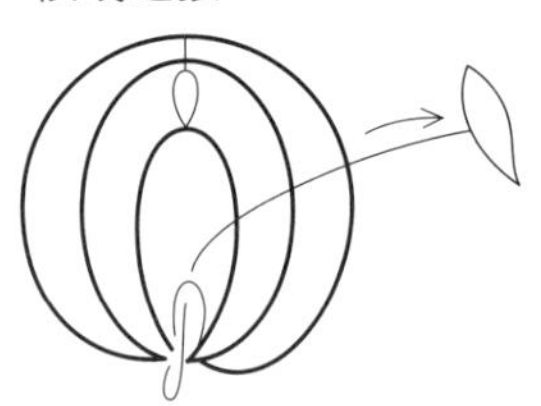

3个环编织结束后，
在根部一起做梭线连接，
接着编织下一个环

花芯
胸花：5个
戒指：3个

坠饰
胸花：3个

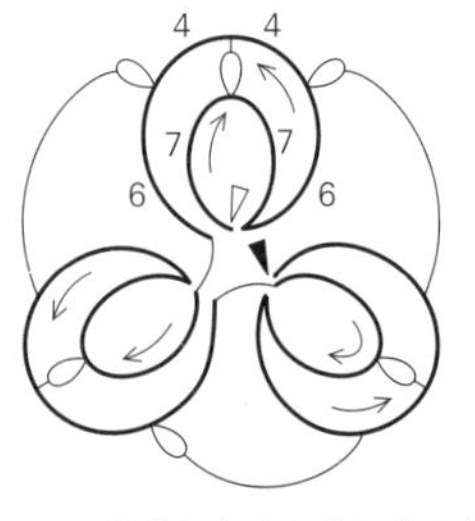

※将编织起点和编织终点的线打结并做好线头处理

◁ ＝编织起点
◀ ＝编织终点

组合

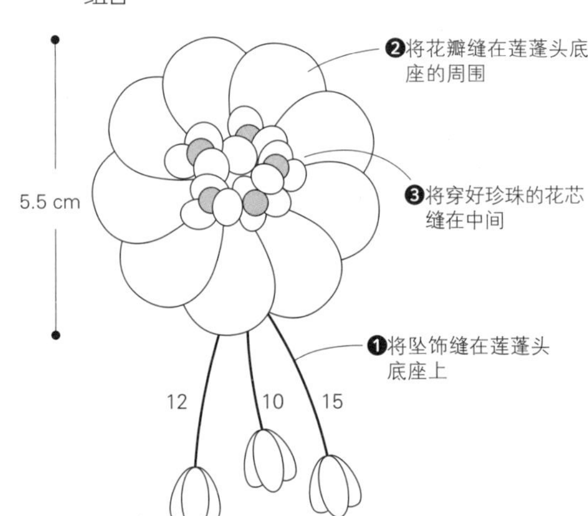

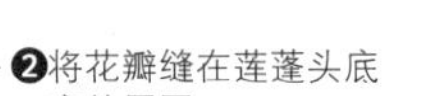

❷将花瓣缝在莲蓬头底座的周围

❸将穿好珍珠的花芯缝在中间

❶将坠饰缝在莲蓬头底座上

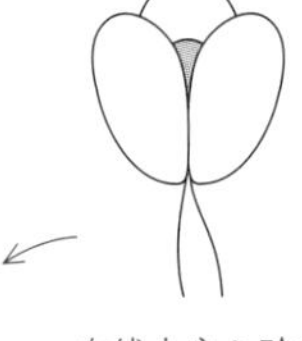

在线中穿入珍珠，穿过花芯的中心，再用同一根线将花芯缝在莲蓬头底座上。全部缝好后，从莲蓬头底座的后面涂上黏合剂加以固定

莲蓬头底座（胸针金属配件）

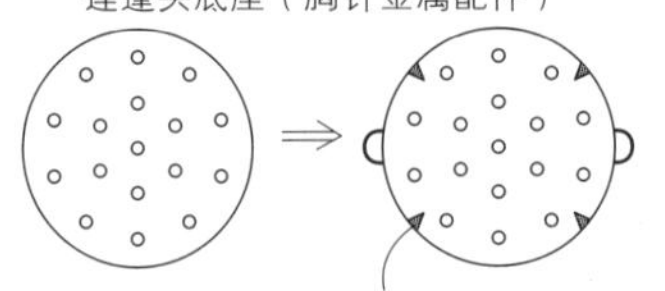

❹ 缝好花朵后，用钳子将爪扣压紧

坠饰的制作方法

❶

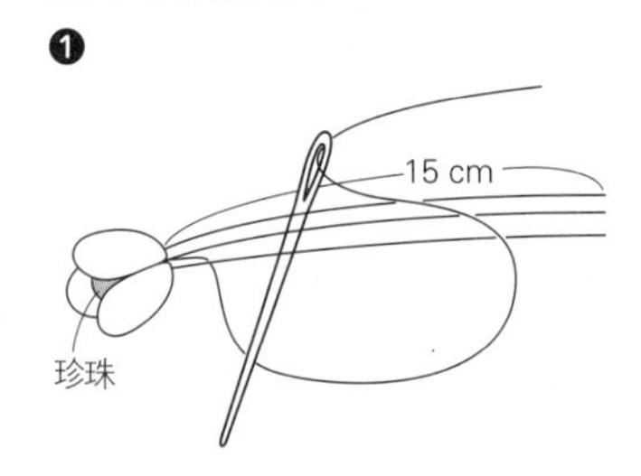

❷

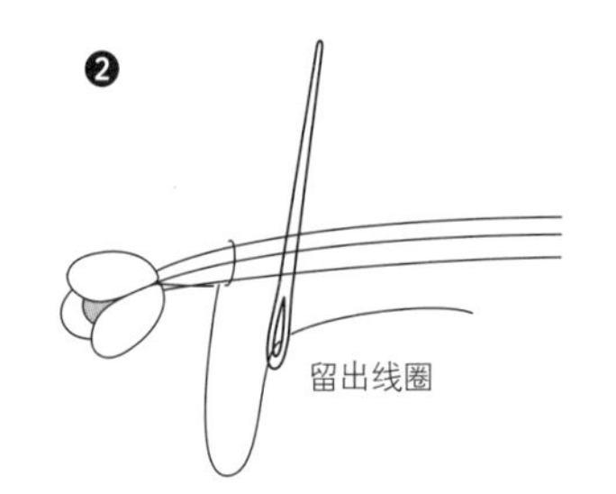

❸

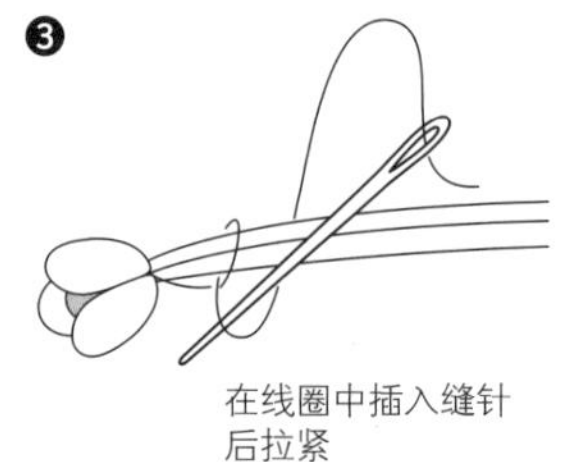

❹

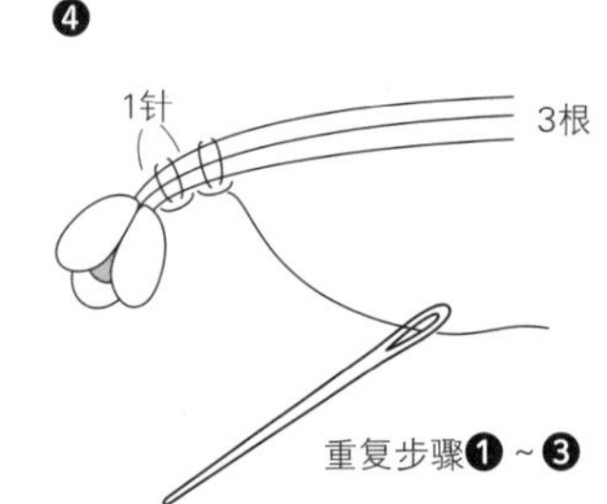

同心圆项链、挂钩式耳环和戒指

图片p.28

[材料和工具]

用线：奥林巴斯　金票40号蕾丝线

项链/金黄色(503)、草绿色(293)各2 g

戒指、挂钩式耳环/金黄色(503)各4 g

工具：1个梭子

其他：参照图示

[制作要点]

项链/将草绿色的线缠在梭子上，穿入24颗小号圆珠。在金黄色线团的线中穿入105颗小号圆珠。用1个梭子编织中心的环，第2个环用线团的线编织桥，一边编织一边在中途与第1个环做接耳。第3个环用1个梭子编织，注意编织前要在左手的线环中移入3颗小号圆珠。接耳时，与第1个环的耳做连接，并在接耳后马上制作1个耳。接着用刚才暂停编织的线团的线一边加入小号圆珠一边编织桥。

戒指、挂钩式耳环/参照p.56的花瓣和花芯进行编织。

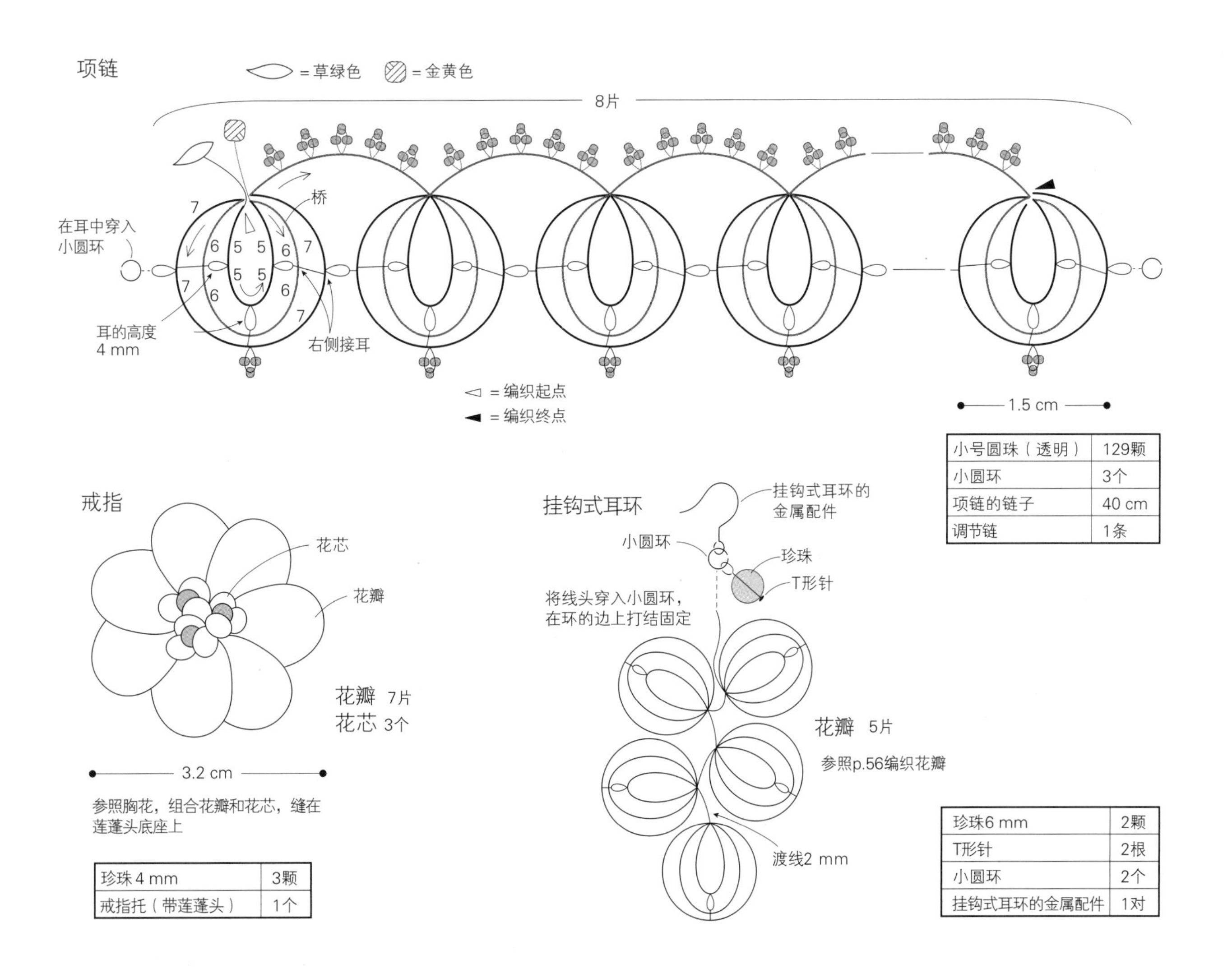

小号圆珠（透明）	129颗
小圆环	3个
项链的链子	40 cm
调节链	1条

珍珠4 mm	3颗
戒指托（带莲蓬头）	1个

珍珠6 mm	2颗
T形针	2根
小圆环	2个
挂钩式耳环的金属配件	1对

加入串珠的手链和项链 图片p.8、9

［材料和工具］

用线：奥林巴斯　Emmy Grande〈Herbs〉

a、b／各2 g，c／6 g，d／14 g

a、c／浅米色（732）

b、d／深棕色（777）

工具：1个L号梭子、蕾丝钩针

其他：参照图示

c／组件A＋B

d／组件A＋B×2＋C

［制作要点］

按编织顺序在线中穿入串珠，再将线缠在梭子上。参照图示进行编织。

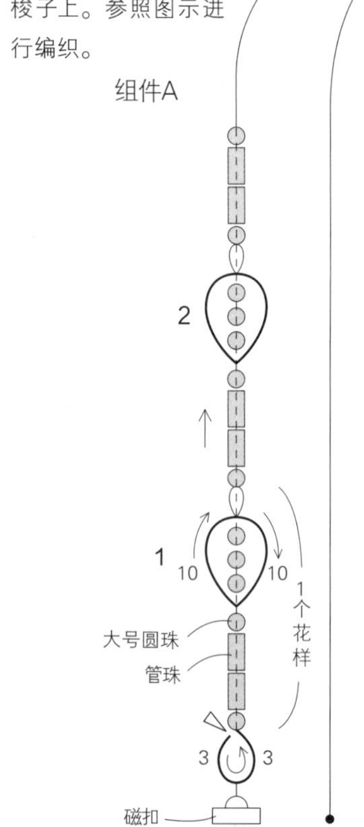

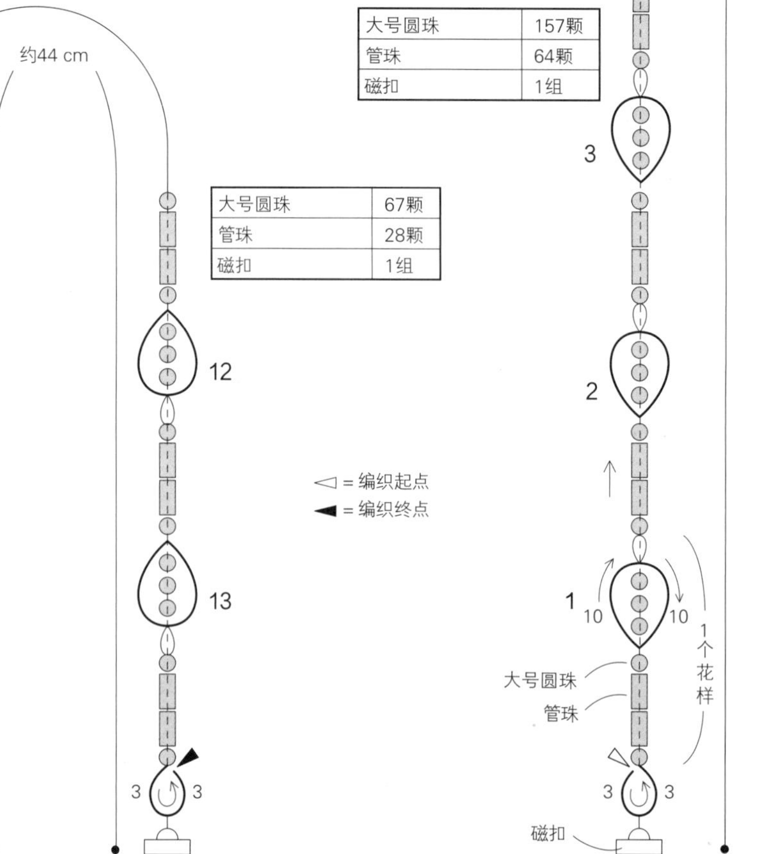

大号圆珠	67颗
管珠	28颗
磁扣	1组

大号圆珠	157颗
管珠	64颗
磁扣	1组

［穿入串珠编织］　以组件A为例

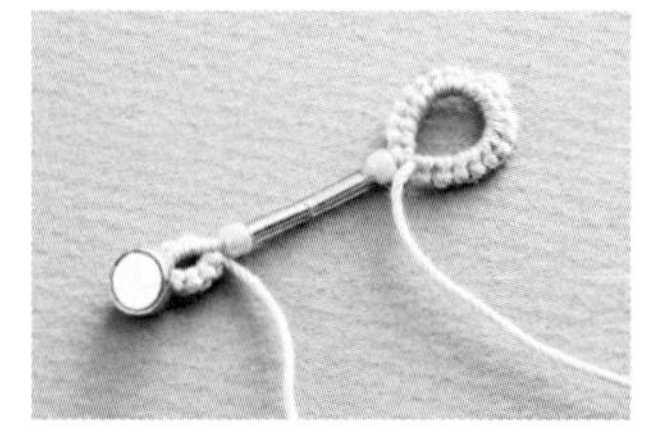

1. 按编织顺序在线中穿入串珠，按“10、P、10”编织环。将编织线放在环的反面。

2. 将3颗串珠移至环的根部。从耳中挑出编织线。

3. 在挑出的线圈中穿过梭子后拉紧。

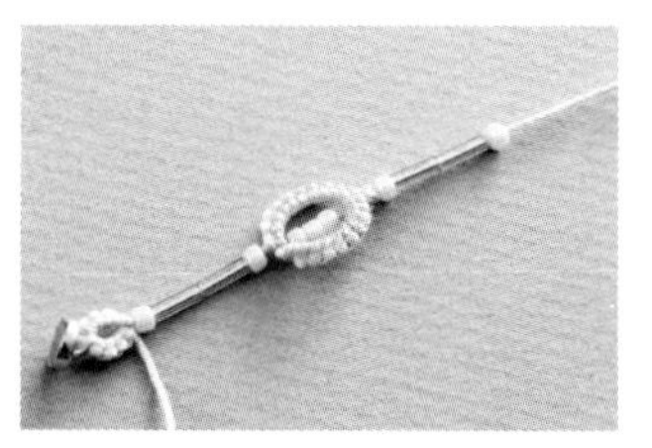

4. 将串珠移至环边。重复步骤1~4。

手链、组件B

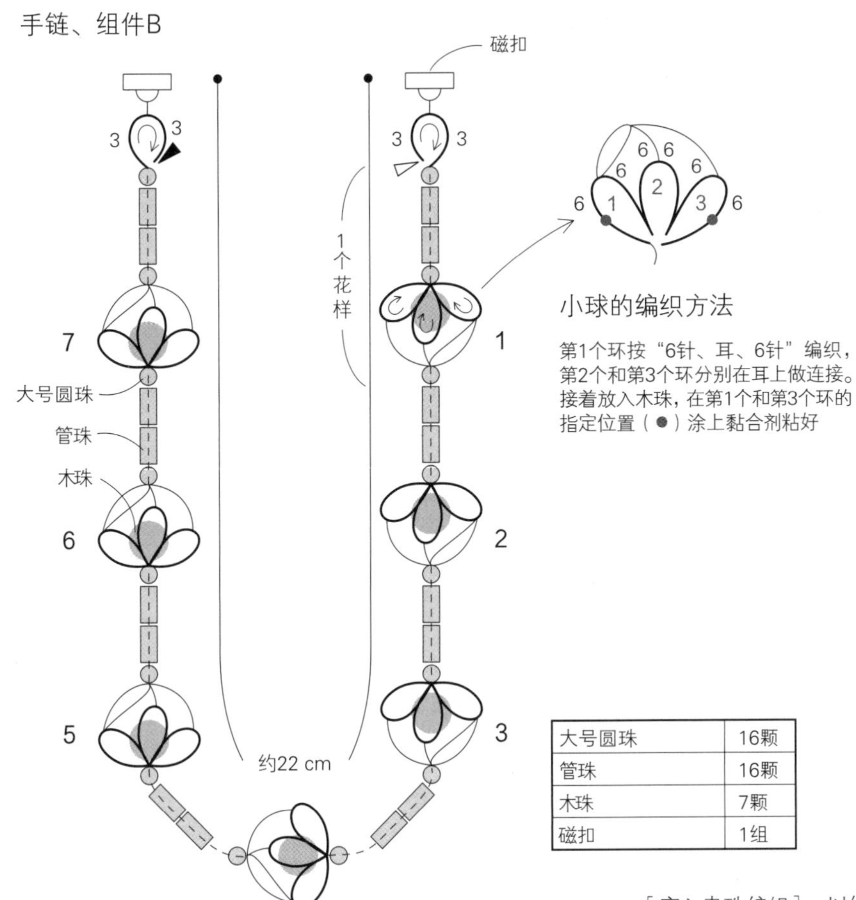

小球的编织方法

第1个环按“6针、耳、6针”编织，第2个和第3个环分别在耳上做连接。接着放入木珠，在第1个和第3个环的指定位置（●）涂上黏合剂粘好

大号圆珠	16颗
管珠	16颗
木珠	7颗
磁扣	1组

［穿入串珠编织］　以组件B为例

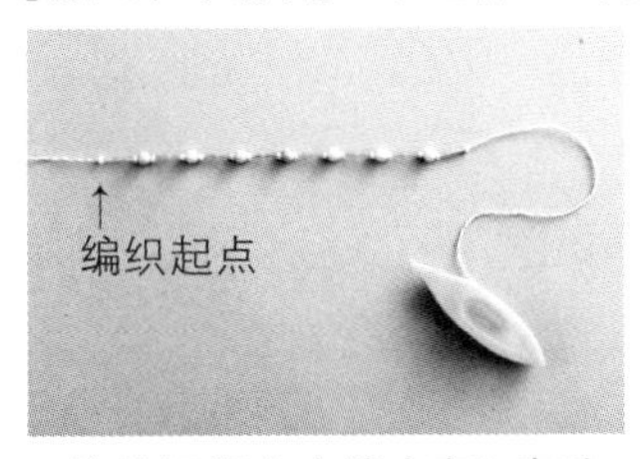

1.按编织顺序在线中穿入串珠，再将线缠在L号梭子上。

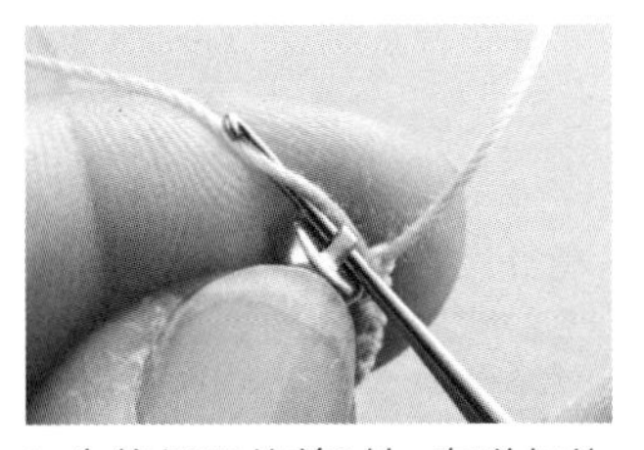

2.先编织环的前3针，在磁扣的根部插入蕾丝钩针挑出编织线。

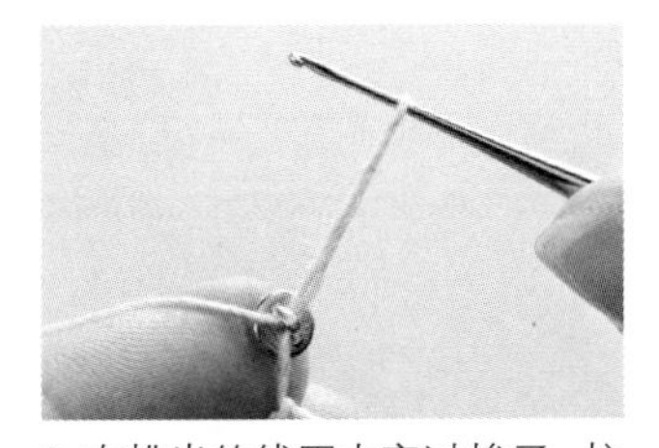

3.在挑出的线圈中穿过梭子，拉动线固定磁扣。

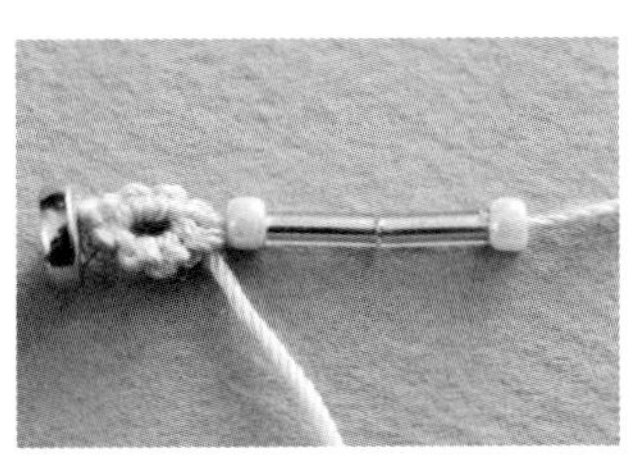

4.接着编织3针后收紧环。移过串珠。

5.编织3个环连接成小球状。将木珠移入小球中心后，收紧第3个环。

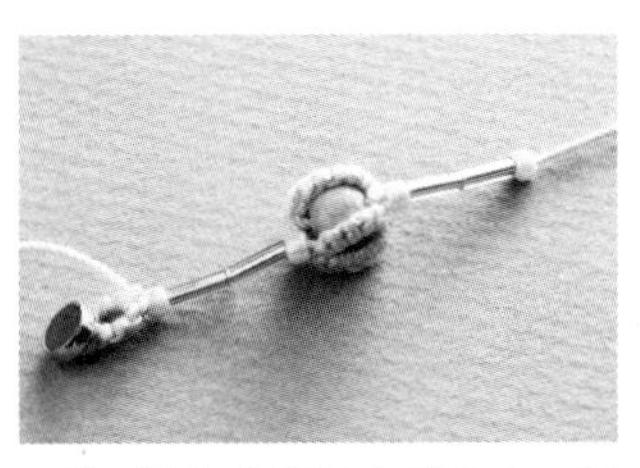

6.将4颗串珠移至小球上方。重复步骤5和6。

[材料和工具]
用线:奥林巴斯 Emmy Grande〈Herbs〉
3 g a /浅茶色(721)、b /乳黄色(560)、
c /肉粉色(141)
工具 :1个梭子，1根回形针
其他 : 金属扣各1组

环环相扣的项链 图片p.10

[制作要点]
a /先编织心形花样。从梭子上拉出2 m左右的线头开始编织桥，注意先在线中穿入回形针，用拇指和食指捏住回形针编织第1针。在第1针的外侧就会出现相当于回形针粗细的线圈。接着编织桥至最后，留出10 cm左右的线头剪断。取下回形针，将线头穿入留出的线圈后与编织线打结并做好线头处理。编织第2个心形花样时，与第1个心形花样交叉后再将线头穿入线圈。制作项链主体的环时，先编织3针，连接金属配件，再编织3针后收紧环。接着编织22个花样的环，最后与心形花样做连接。项链主体的另一侧也按相同方法进行编织。

b /先编织蝴蝶花样。编织项链主体时在环上连接金属配件。将蝴蝶花样的耳重叠在指定位置的环的耳上做接耳。

c /先编织心形花样。在梭子上留出2 m左右的线头，编织5针的环，接着用留出的线头编织桥。结束时在环中穿入芯线的线头，在环的根部打结并做好线头处理。编织项链主体时在环上连接金属配件。将心形花样的耳重叠在指定位置的环的耳上做接耳。

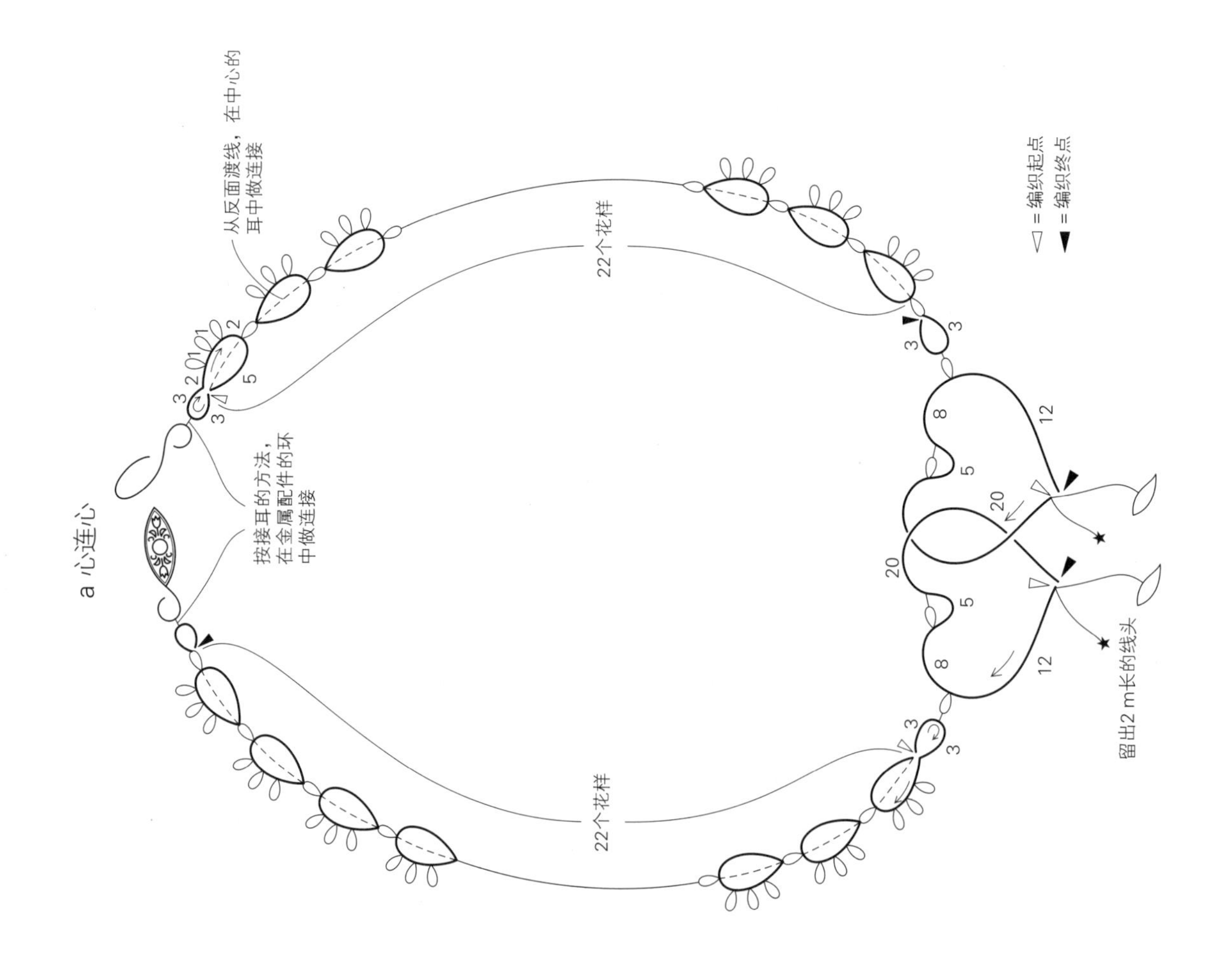

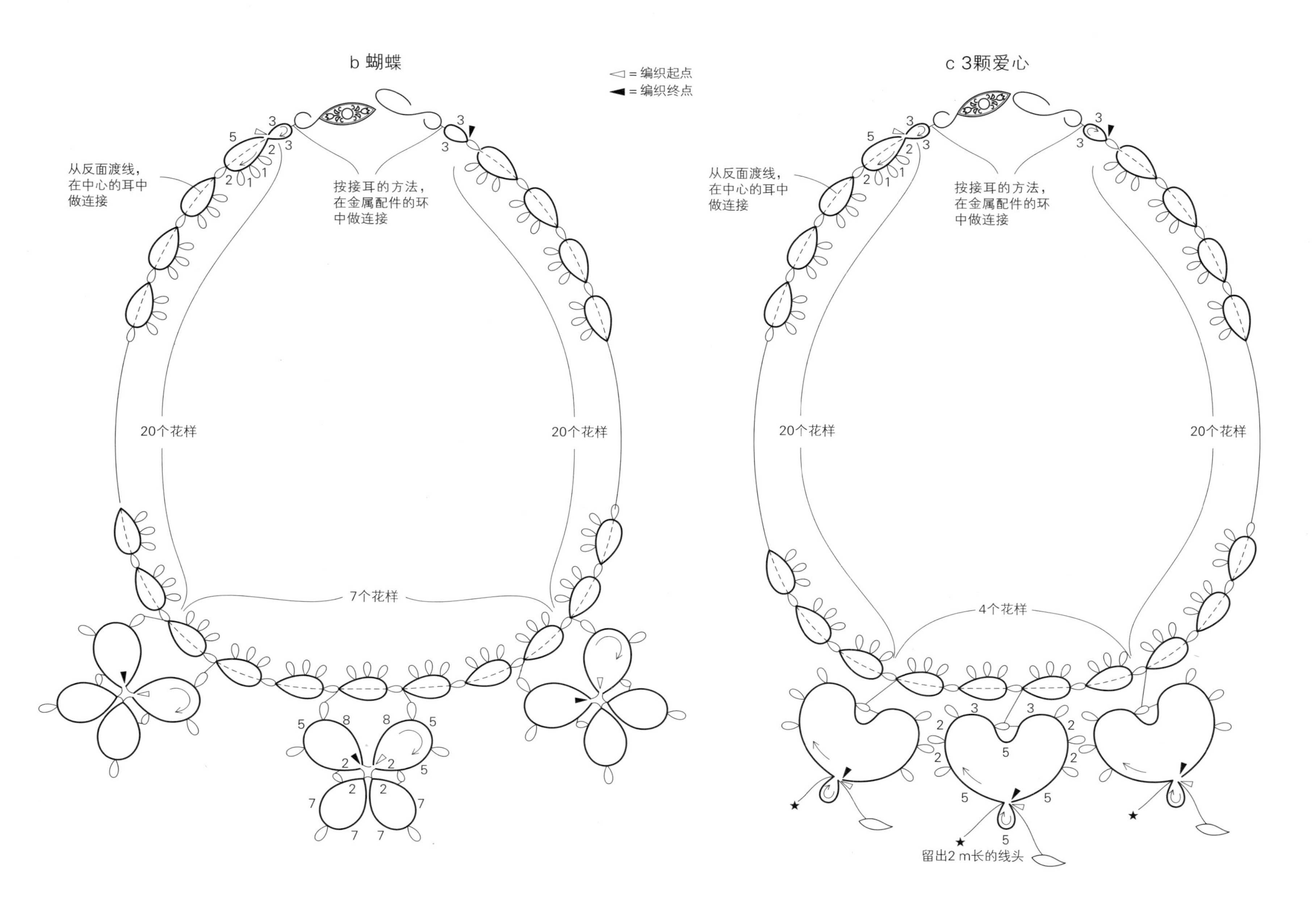
b 蝴蝶
◁ = 编织起点
◀ = 编织终点
从反面渡线，
在中心的耳中
做连接
按接耳的方法，
在金属配件的环
中做连接
20个花样
20个花样
7个花样
c 3颗爱心
从反面渡线，
在中心的耳中
做连接
按接耳的方法，
在金属配件的环
中做连接
20个花样
20个花样
4个花样
留出2 m长的线头

玫瑰花胸针和装饰垫 胸针 ※ 图片p.11

［材料和工具］

用线：奥林巴斯 a / Emmy Grande〈Shaded〉黄绿色系（21），b / Emmy Grande〈Colors〉 黑色（901），c / Emmy Grande〈Herbs〉 嫩绿色（273）各4 g

工具：1个梭子

其他：长3 cm的别针各1个，不织布、人造革各少量

［制作要点］

3种大小的花片各编织1片。将花片（大）放在剪成圆形的不织布上，缝住中间的耳。接着放上花片（中），缝住中间的耳。将花片（小）卷起来，缝在花片（中）的中心。将别针放在圆形人造革的正面，在一片长方形人造革的反面涂上黏合剂，夹住别针粘好。最后将不织布和人造革粘贴在一起。

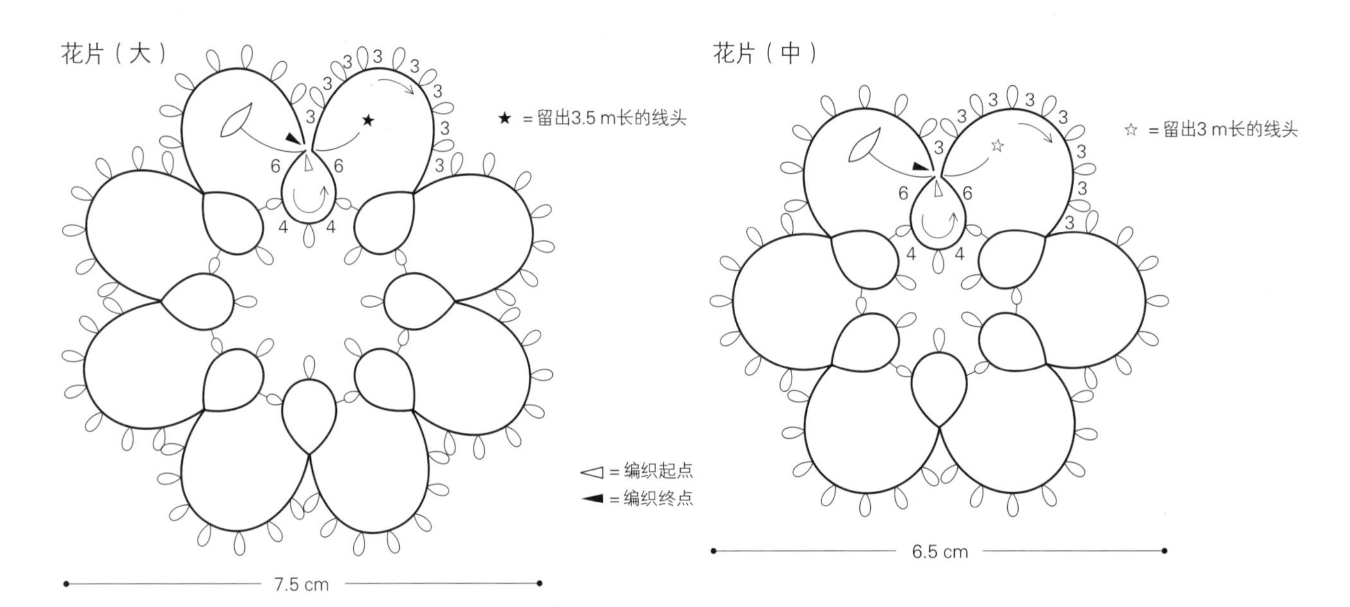

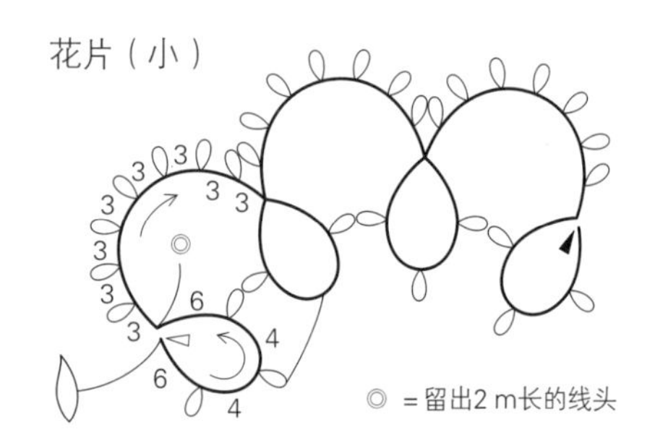

组合

不织布、人造革各1片

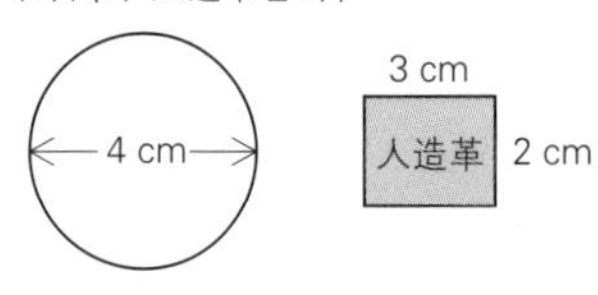

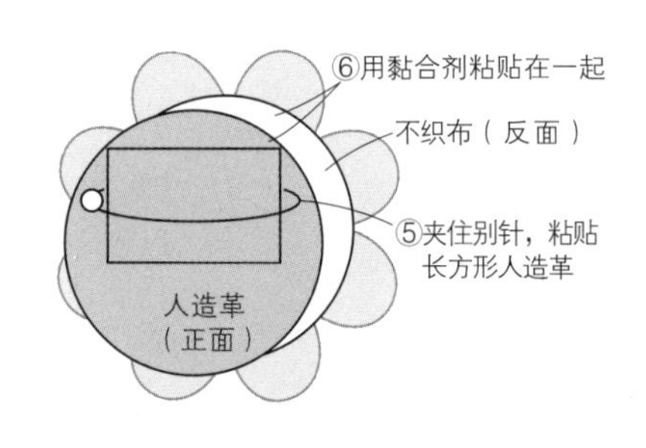

①将花片（大）中间的耳缝在不织布上
②将花片（中）放在①的上面，缝住中间的耳
③将花片（小）卷起来，将耳缝在②的中心
④在不织布上缝住③

［留出线头的方法和桥的编织方法］

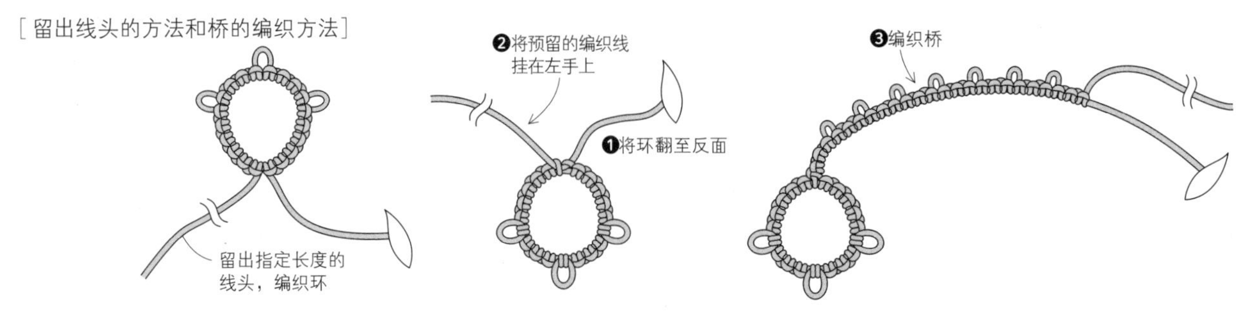

玫瑰花胸针和装饰垫 装饰垫 图片p.11

［材料和工具］

用线：奥林巴斯　Emmy Grande〈Herbs〉

浅米色（732）15 g

工具：1个梭子

［制作要点］

第1圈将线缠在梭子上，留出3.5 m长的线头，从环开始编织。第2圈用梭子和线团编织。第3圈依次编织并连接8片花片。按第1圈相同方法，将线缠在梭子上，留出3 m长的线头开始编织。

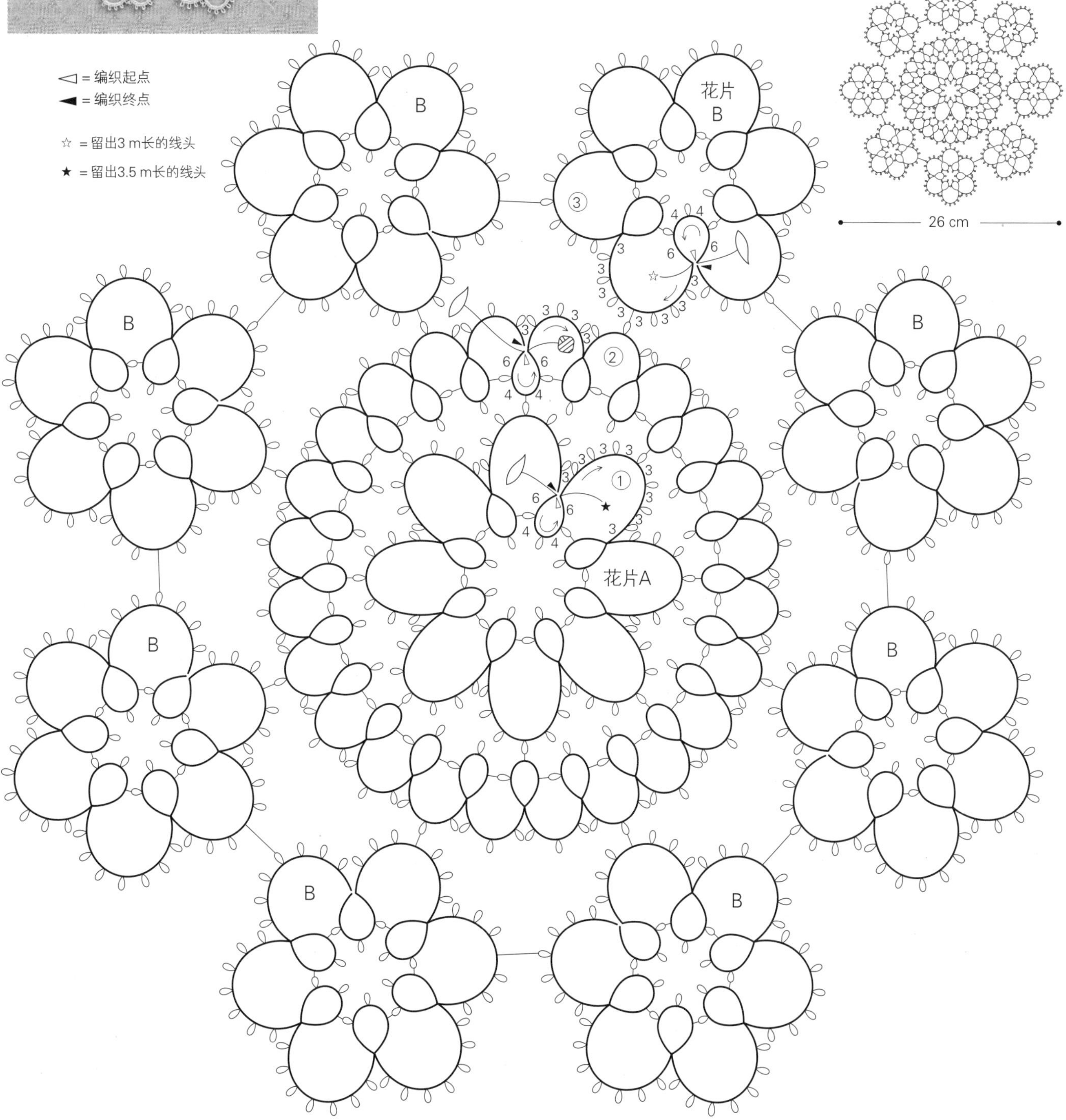

西番莲花围巾 图片p.15

［材料和工具］

用线：奥林巴斯　金票40号蕾丝线　浅茶色(813)25 g

工具：1个梭子

［制作要点］

花片A、B都用梭子和线团编织，花片C用1个梭子编织。编织边缘时，先编织花片A的周围，再编织花片B、C的两侧。

花片A的第1圈

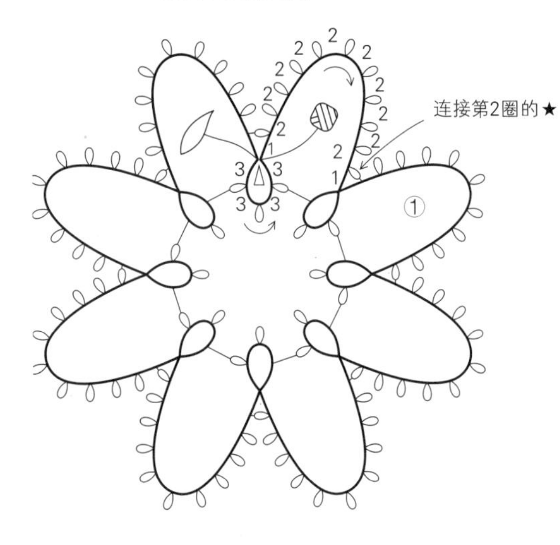

花片A 第2、3圈的编织起点

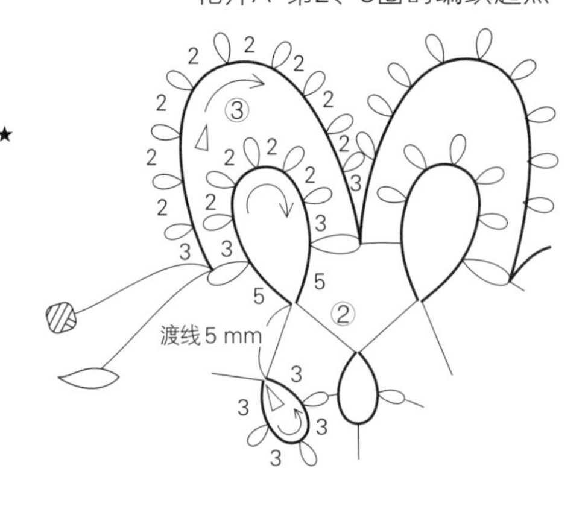

围巾

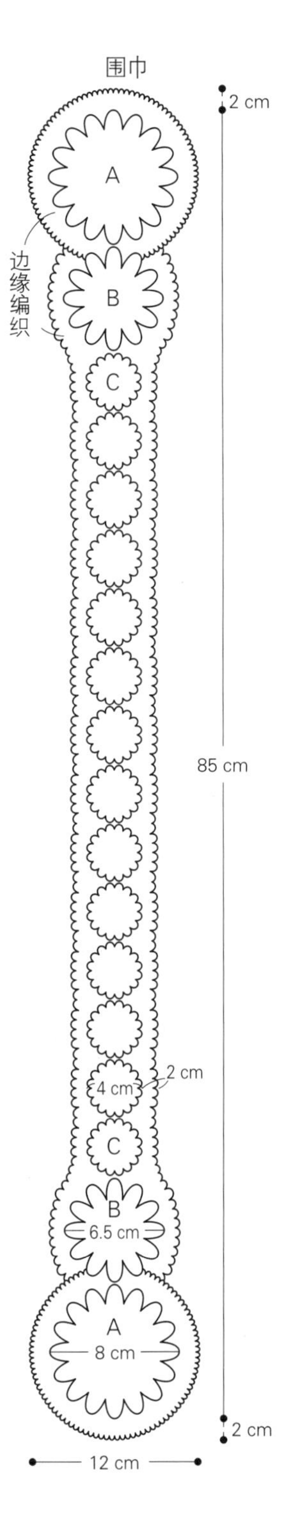

花片B的第1圈

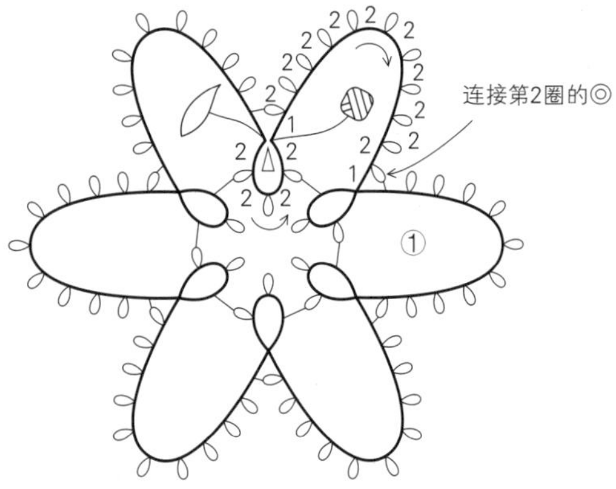

花片B 第2、3圈的编织起点

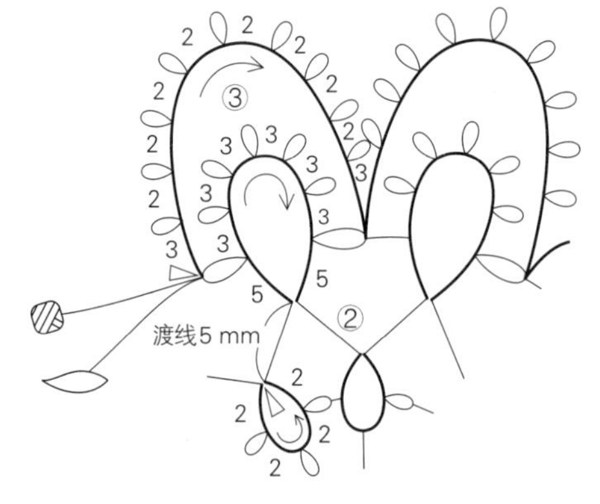

花片C的编织起点

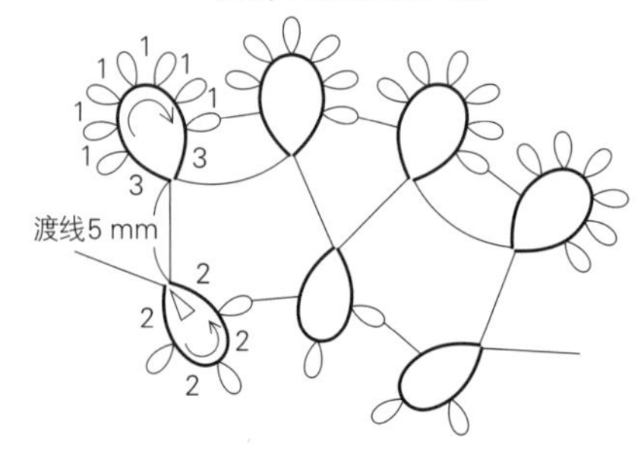

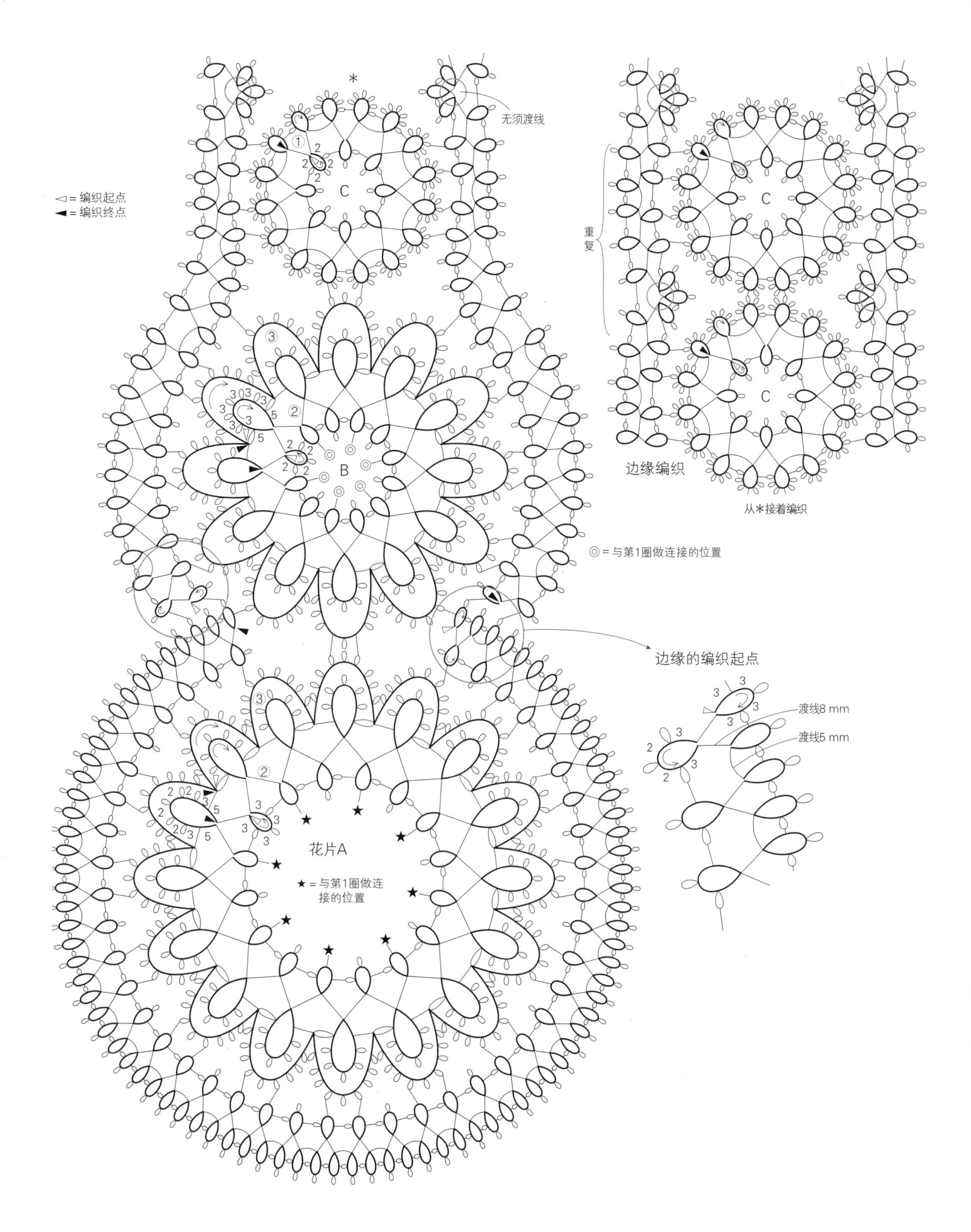
*
无须渡线
◁ = 编织起点
◀ = 编织终点
C
重
复
C
C
边缘编织
从*接着编织
B
◎ = 与第1圈做连接的位置
边缘的编织起点
渡线8 mm
渡线5 mm
花片A
★ = 与第1圈做连
接的位置

加入丝带的围巾 图片p.14

［材料和工具］

用线：奥林巴斯　金票40号蕾丝线　原白色（731）40 g

工具：2个梭子

其他：宽2 cm的银白色金属网状丝带175 cm

［制作要点］

先编织花片A，接着编织花片B。其中2片花片B一边编织一边分别与花片A做连接。带状花片的第1行一边编织一边与织好的花片做连接；从第2行开始，一边编织一边与织好的花片以及邻行做连接；第4行编织完成后，在花片A和B的4处空隙编织并连接花片D。编织花片C，参照图示与丝带片重叠着缝在主体上。

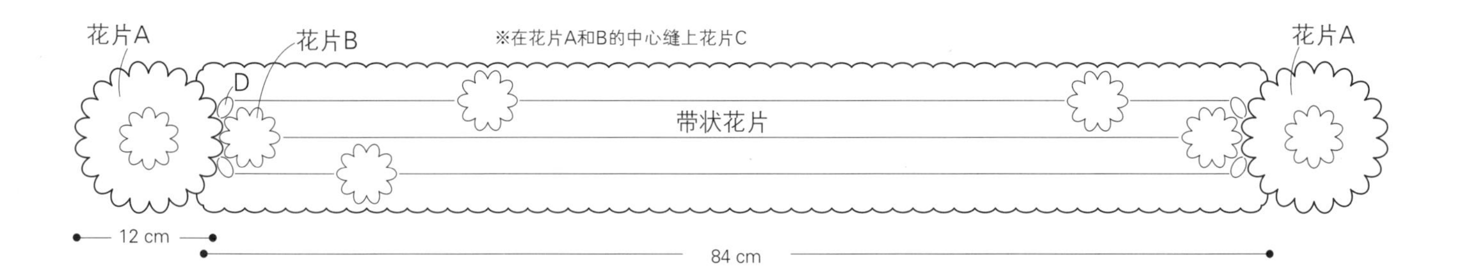

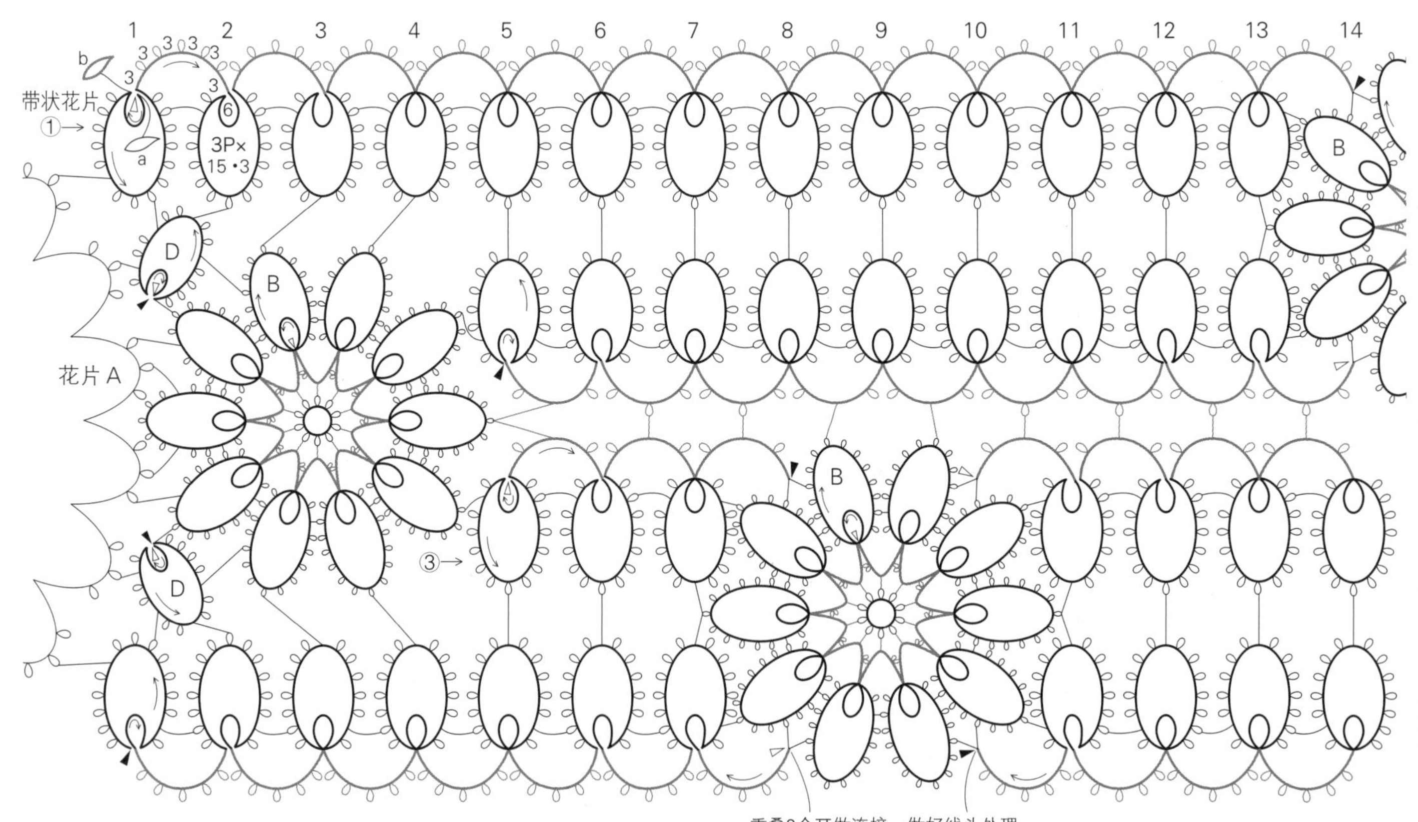

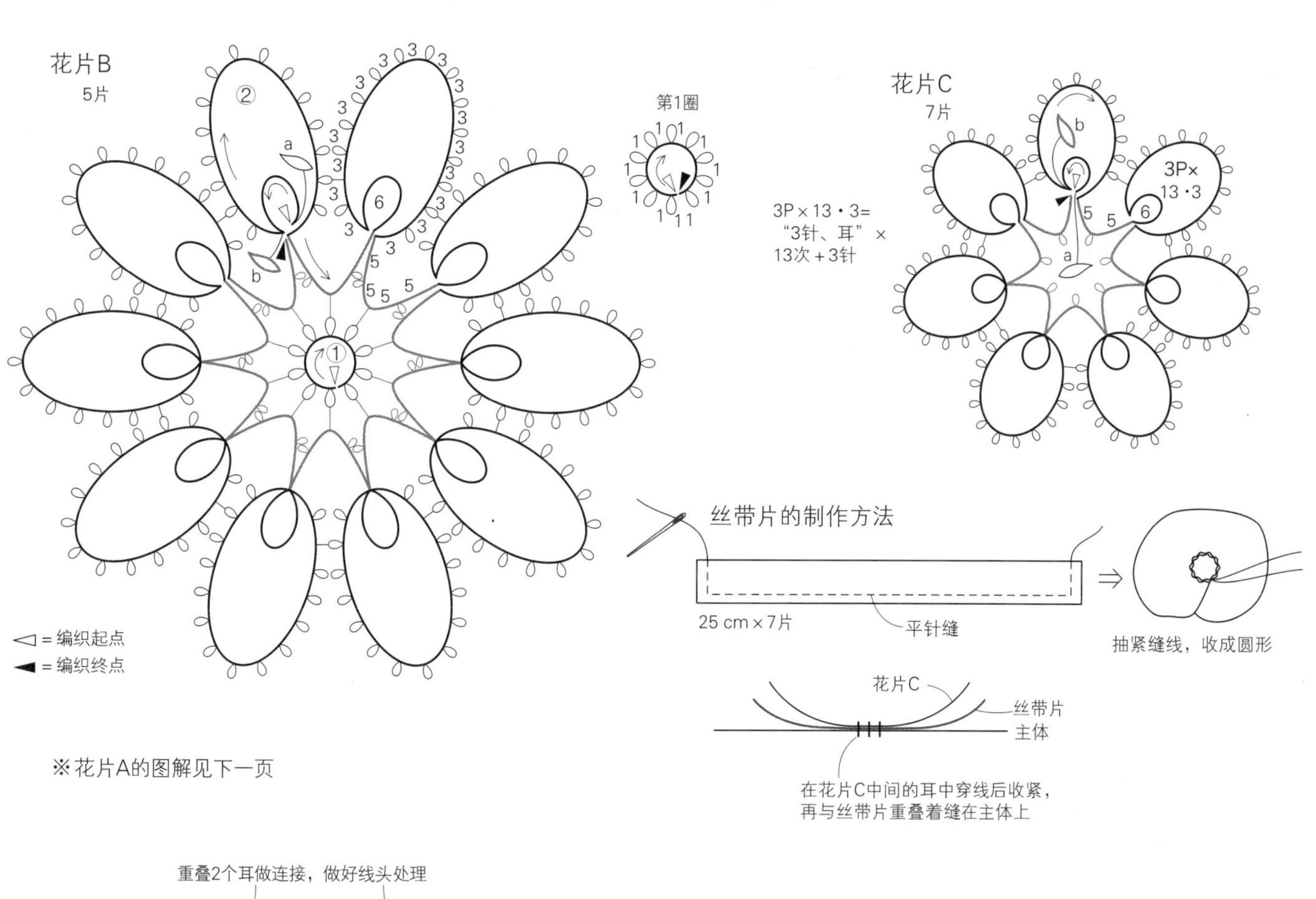
花片B
5片
②
a
b
①
第1圈
花片C
7片
3P×
13・3
3P×13・3=
"3针、耳"×
13次+3针
丝带片的制作方法
25 cm×7片
平针缝
抽紧缝线，收成圆形
花片C
丝带片
主体
在花片C中间的耳中穿线后收紧，
再与丝带片重叠着缝在主体上
◁=编织起点
◀=编织终点

※花片A的图解见下一页

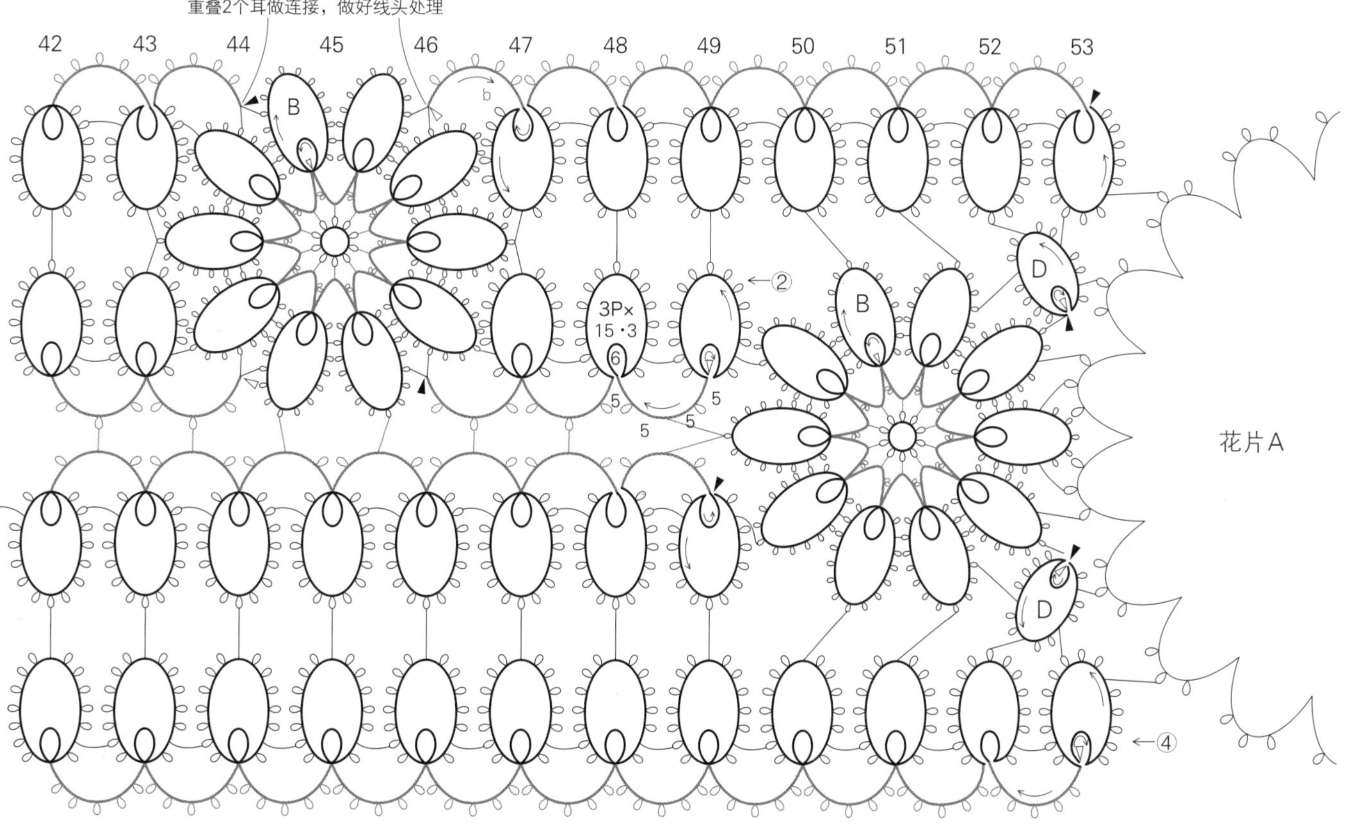
重叠2个耳做连接，做好线头处理
42 43 44 45 46 47 48 49 50 51 52 53
B
D
3P×
15・3
←②
←④
花片A

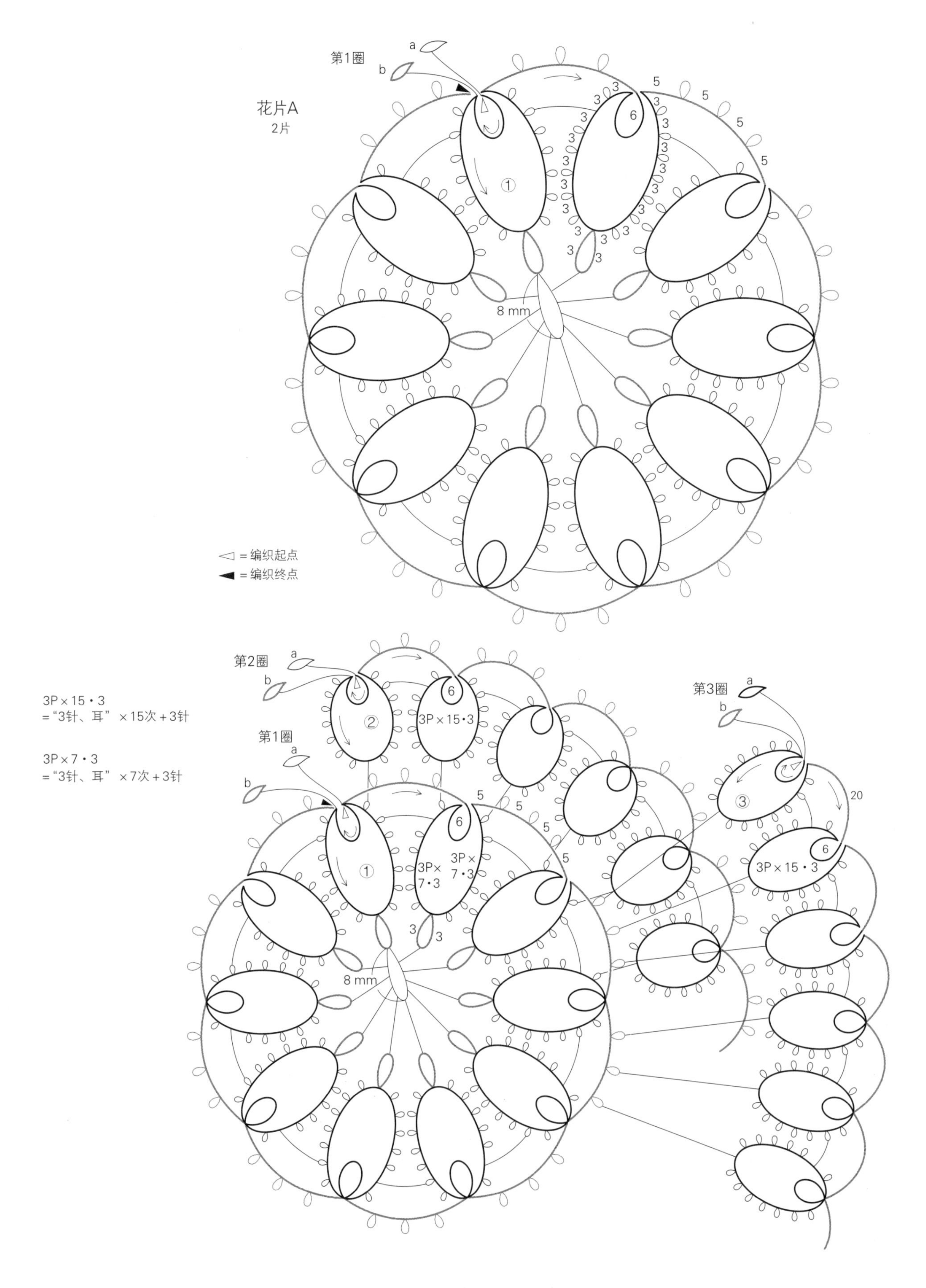
花片A
2片
第1圈
a
b
5
5
5
5
6
3
①
8 mm
◁ = 编织起点
◀ = 编织终点
第2圈
第1圈
第3圈
3P×15・3
="3针、耳" ×15次+3针
3P×7・3
="3针、耳" ×7次+3针
②
③
3P×
7・3
20

玫瑰花、三角形花片和蝴蝶花样的小饰品 玫瑰花、蝴蝶 图片p.17

[材料和工具]

用线1：奥林巴斯　梭编蕾丝线〈金银丝线〉、〈细〉各少量

a／〈金银丝线〉 紫色（T409）

b／〈金银丝线〉 银色（T401）、紫色（T409）、蓝色（T404），〈细〉草绿色（T112）、淡蓝色（T110）、淡紫色（T108）、珊瑚粉色（T107）

c、d／〈金银丝线〉 银色（T401），〈细〉草绿色（T112）、淡紫色（T108）

e／〈金银丝线〉 紫色（T409）

f／〈金银丝线〉 紫色（T409），〈细〉淡蓝色（T110）、草绿色（T112）

用线2：奥林巴斯　金票40号蕾丝线、金票40号蕾丝线〈段染〉各少量

g／紫色（654）、草绿色（293），〈段染〉柠檬黄色（53）

工具：1个梭子，2个梭子（仅作品g）

其他：a／长2 cm的别针1个，b／珍珠6 mm1颗、金属扣1组、链子20 cm、T形针1根、小圆环12个，c／珍珠4 mm1颗、瓜子扣1个、项链的链子（带调节链）1条，d／珍珠3 mm2颗、夹式耳环的金属配件1对、9字针4根，e／珍珠4 mm1颗、戒指托1个、小圆环2个，f、g／戒指托（带连接环）各1个、小圆环各2个

[制作要点]

a／编织头部和身体的环，再将线头打结。将翅膀的线头系在头部和身体的耳上。

蝴蝶（大）（小）／编织4个环，再将编织起点和编织终点的线头打结。

小花／用柠檬黄色线的梭子编织小花的5个环和桥，用草绿色线的梭子编织叶子的2个环。

玫瑰花／参照p.54的编织方法。

b、c／参照图示，在每片花片上安装小圆环和金属配件。

d／在每片花片上安装9字针，再与夹式耳环的金属配件做连接。

e／在花片上穿入小圆环，再与戒指托做连接。

f、g／将2片花片一起穿在1个小圆环上，再装到戒指托的连接环上。

a 蝴蝶

20 mm　5 mm　4 cm

组合

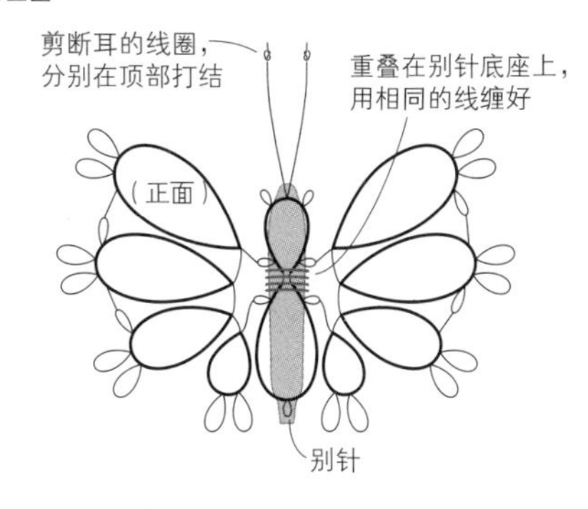

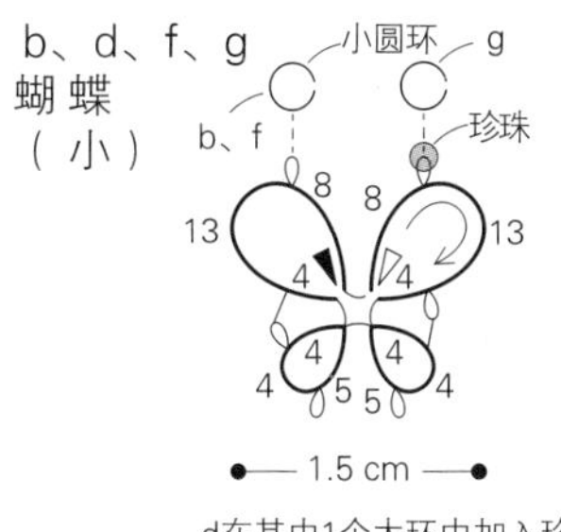

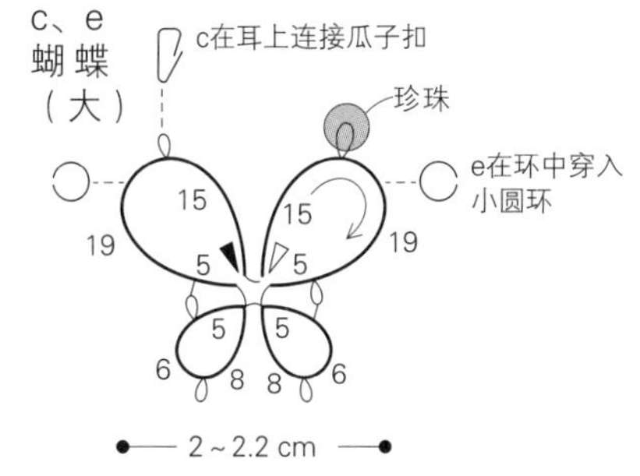

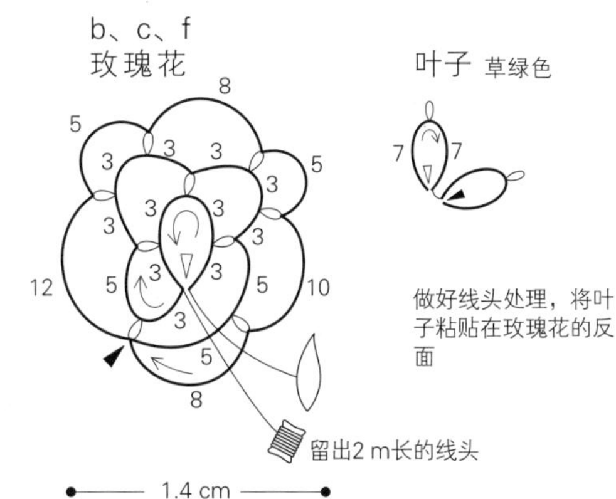

叶子 草绿色

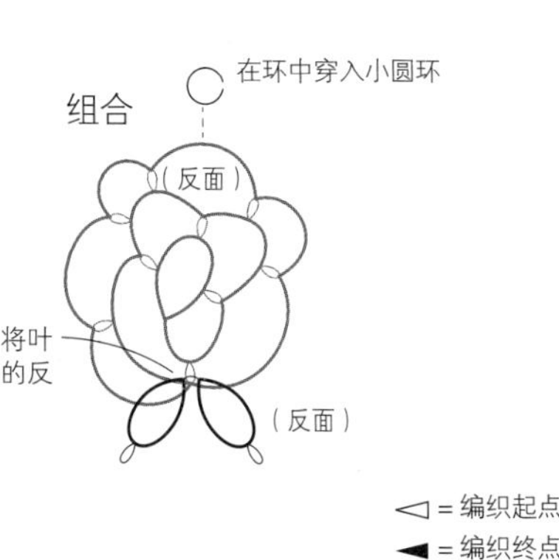

g 小花

b:草绿色　与蝴蝶（小）的耳重叠在一起穿入小圆环　a:柠檬黄色　1.8 cm

◁ = 编织起点
◀ = 编织终点

双色连环项链和手链

图片p.18

［材料和工具］

用线：奥林巴斯　Emmy Grande〈Herbs〉
浅茶色（721）、白色（800）
项链／各15 g，手链／各5 g
工具：2个梭子
其他：项链／金属扣1组，手链／带调节链的金属扣1组

［制作要点］

用梭子a编织内侧的环和桥，外侧的约瑟芬环用梭子b编织。编织最初和最后的环时，中途按接耳的方法与金属配件做连接。

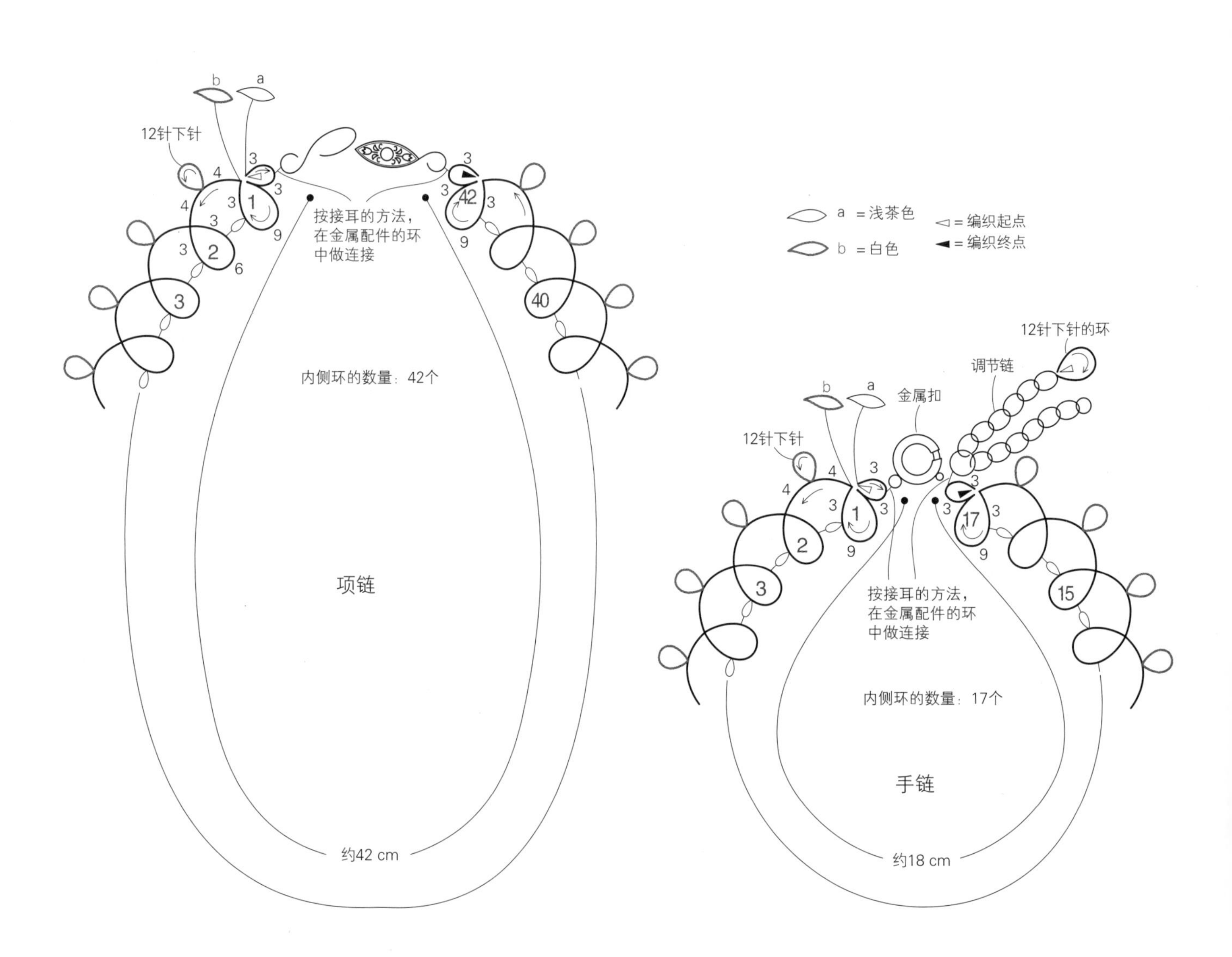

正方形花片的项链和挂钩式耳环

图片p.19

［材料和工具］

用线：奥林巴斯　金票40号蕾丝线 巧克力色(455)　挂钩式耳环/1 g、项链/2 g，黑色(901)　项链/3 g

工具：1个梭子

其他：挂钩式耳环/串珠6 mm2颗、T形针2根、小圆环4.5 mm2个、挂钩式耳环的金属配件1对，项链/小号圆珠(黑色)396颗、小圆环4.5 mm5个、包线扣2个、龙虾扣(带双孔连接片)1组

［制作要点］

挂钩式耳环/连续编织3个环，留出1.3 cm长的渡线，接着编织下一组3个连续的环。项链/花片从中间的圆环开始编织。正方形花样按挂钩式耳环相同方法编织，注意一边编织一边与中间的环以及相邻的花样做连接。制作装饰链时，在a、b 2根线中分别穿入198颗小号圆珠，然后与梭子上的线头一起打结。用a线编织3针的桥，翻转织片，换成b线编织3针。再次翻转织片，将a线上的3颗小号圆珠移至针目边上，接着用a线编织。再次翻转织片，移过b线上的小号圆珠后用b线编织。编织结束时，将3根线一起打结。

扉页上的挂钩式耳环

用线：奥林巴斯　梭编蕾丝线〈细〉 巧克力色(T104)少量

其他：串珠6 mm2颗、T形针2根、小圆环3 mm2个、挂钩式耳环的金属配件1对

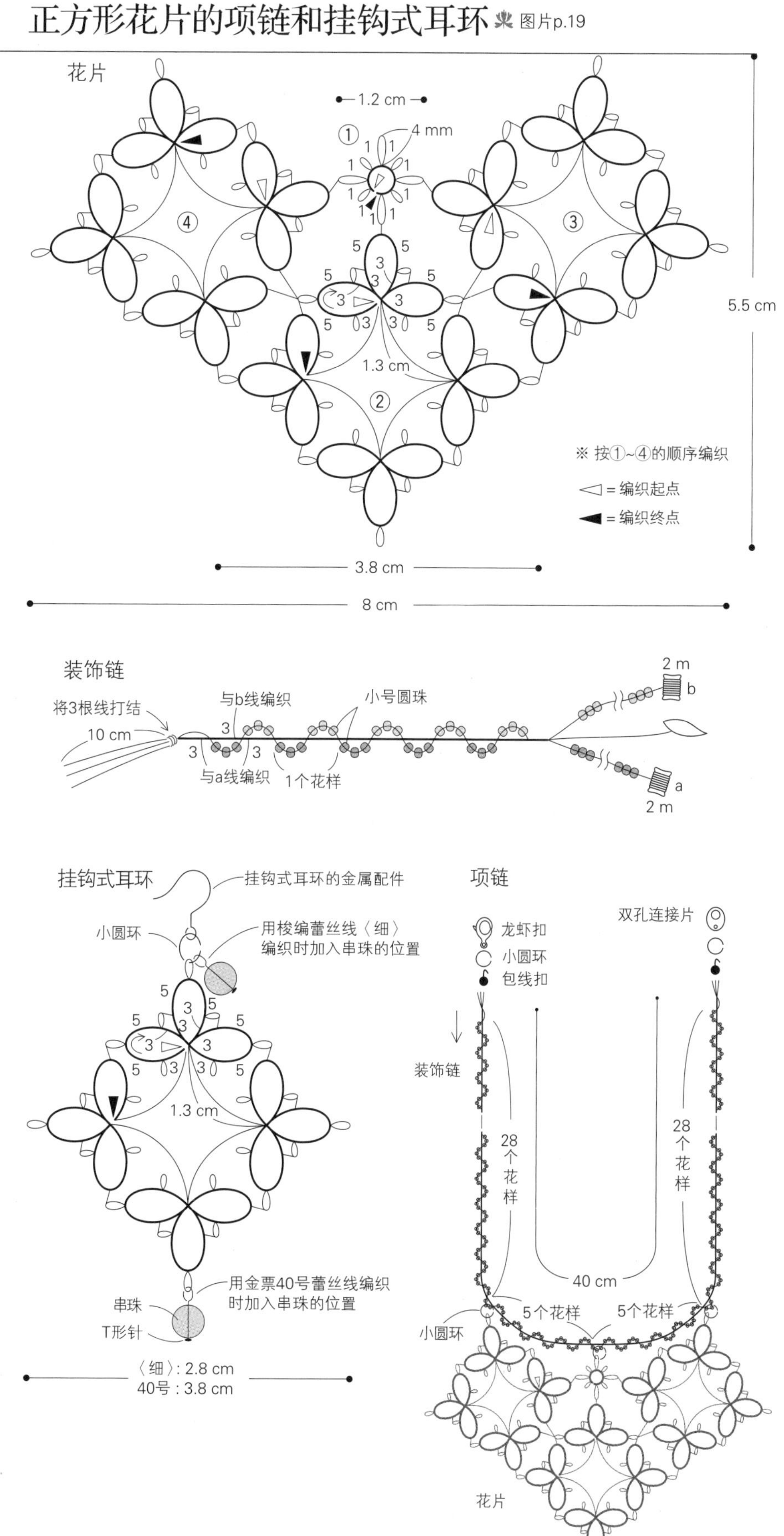

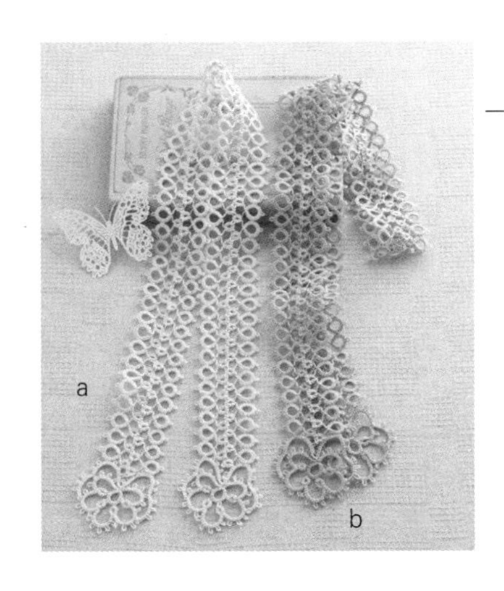

银莲花围巾

图片p.20

［材料和工具］

用线：奥林巴斯　Emmy Grande〈Herbs〉

a／浅米色（732）14 g，b／浅茶色（721）20 g

工具：1个梭子

［制作要点］

先编织2片银莲花花片。第1圈　用梭子和线团编织，从中心的环开始编织，接着编织桥，编织小环时与中心的环做接耳。第2圈　从梭子上拉出2 m左右的线头，在第1圈的耳中做连接后开始编织桥。制作带状花片时，留出10 cm左右的线头，从内侧的小环开始编织。编织最初的大环时与花片做连接，编织最后的环时与另一片花片做连接。第2条带状花片也按相同方法，一边编织一边与花片以及第1条带状花片做连接。将带状花片的线头系在两端的花片上并做好线头处理。

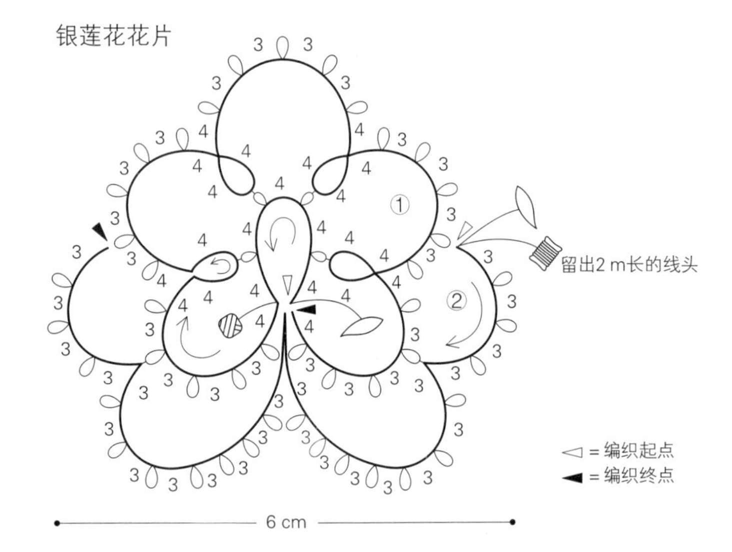

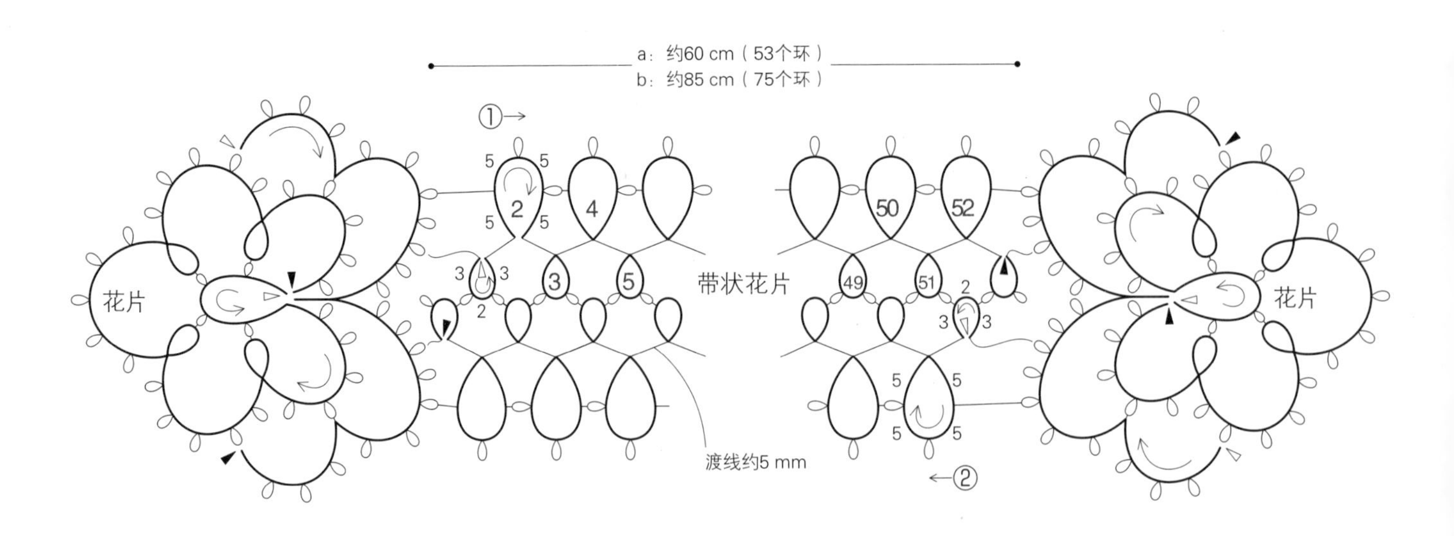

玫瑰花围巾和迷你钱包 围巾 图片p.21

[材料和工具]
用线：奥林巴斯 Emmy Grande〈Herbs〉
浅米色(732)35 g
工具：1个梭子
[制作要点]
用梭子和线团先编织2片玫瑰花片。编织中心的环，接着一边做连接一边呈螺旋状连续编织桥。编织结束时，在前一圈的连接处穿线打结并做好线头处理。带状花片用1个梭子编织，一边调整方向一边交替编织内侧和外侧的环。编织外侧最初和最后的环时与玫瑰花片做连接。第2条带状花片一边编织一边与玫瑰花片以及第1条带状花片做连接。

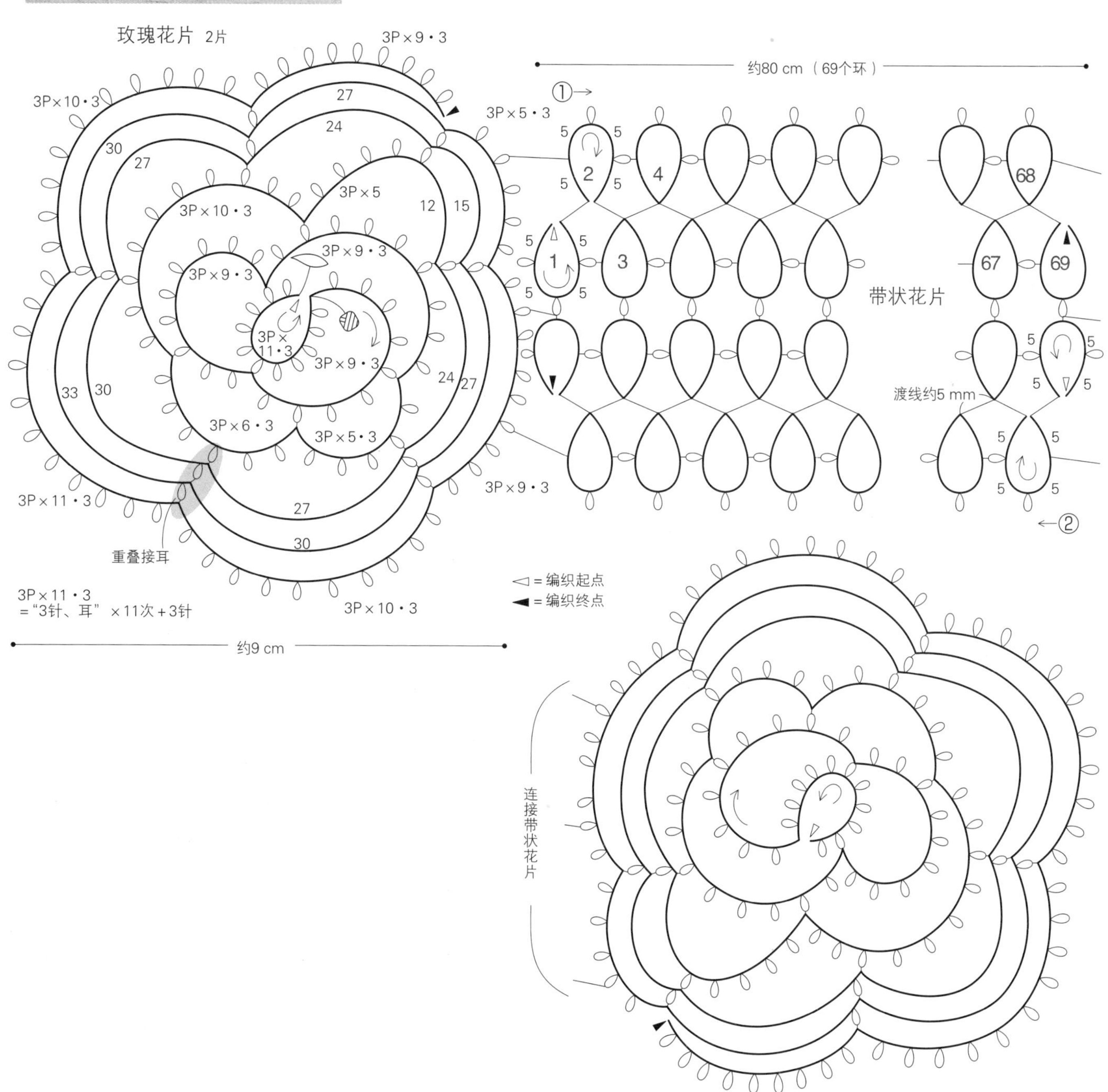

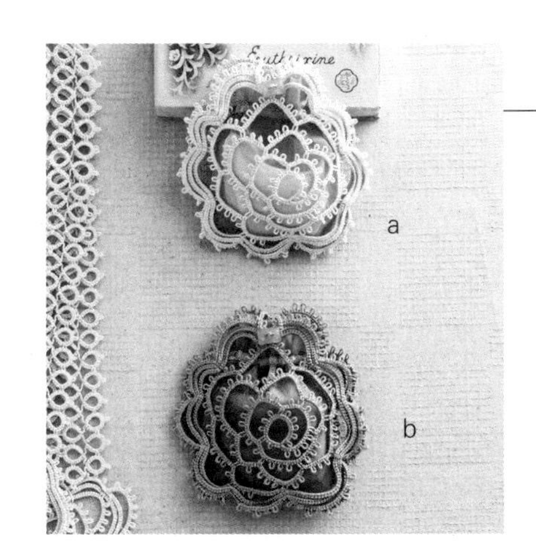

玫瑰花围巾和迷你钱包 迷你钱包 图片p.21

［材料和工具］
用线：奥林巴斯　Emmy Grande〈Herbs〉15g　a／浅米色（732），　b／嫩绿色（273）
工具：1个梭子
其他：欧根纱内袋 横宽8 cm、纵长11 cm 1个，纽扣 1 cm×0.7 cm 1颗
［制作要点］
用梭子和线团先编织后侧花片。编织中心的环，接着一边做连接一边呈螺旋状连续编织桥。编织结束时，在前一圈的连接处穿线打结并做好线头处理。制作纽襻时，在花片的耳中穿入梭子的线头连接后编织桥。前侧花片按后侧花片相同方法编织，一边编织最后一圈一边与后侧花片的耳做连接。

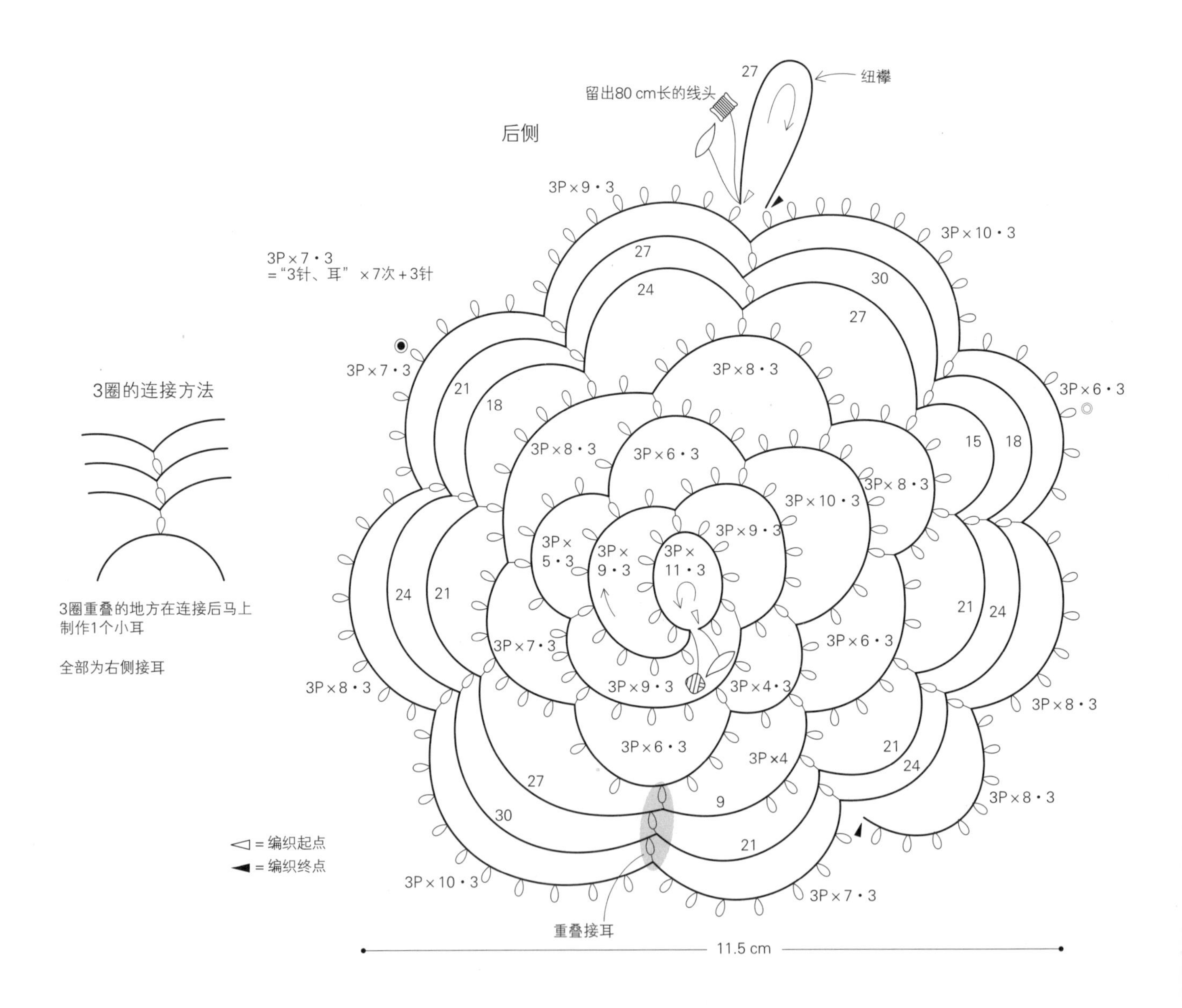

［重叠接耳］

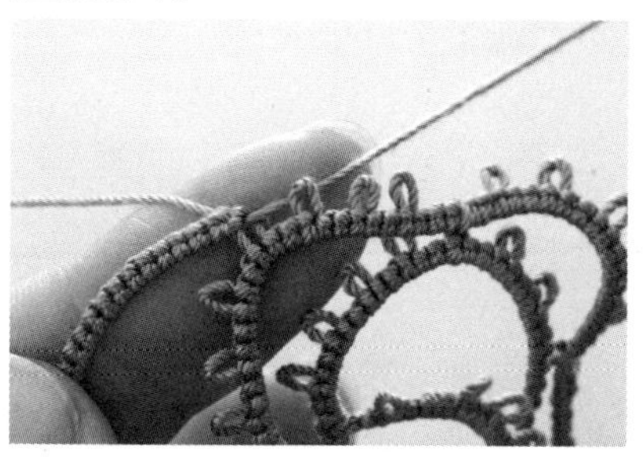

1. 将桥连接在耳上。

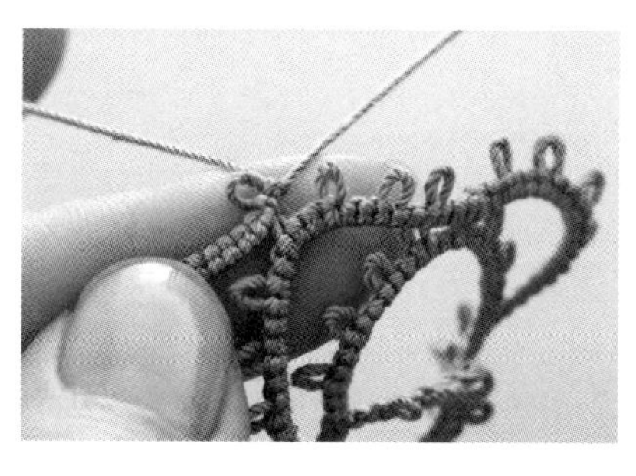

2. 继续编织桥之前，先制作1个耳。这一针计为24针中的第1针。

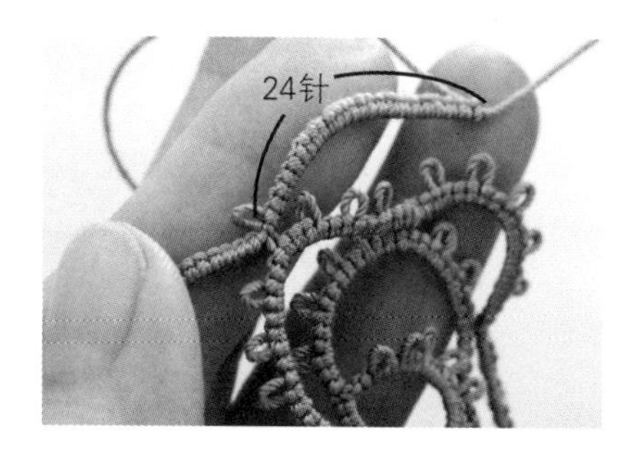

3. 接着编织桥剩下的23针。

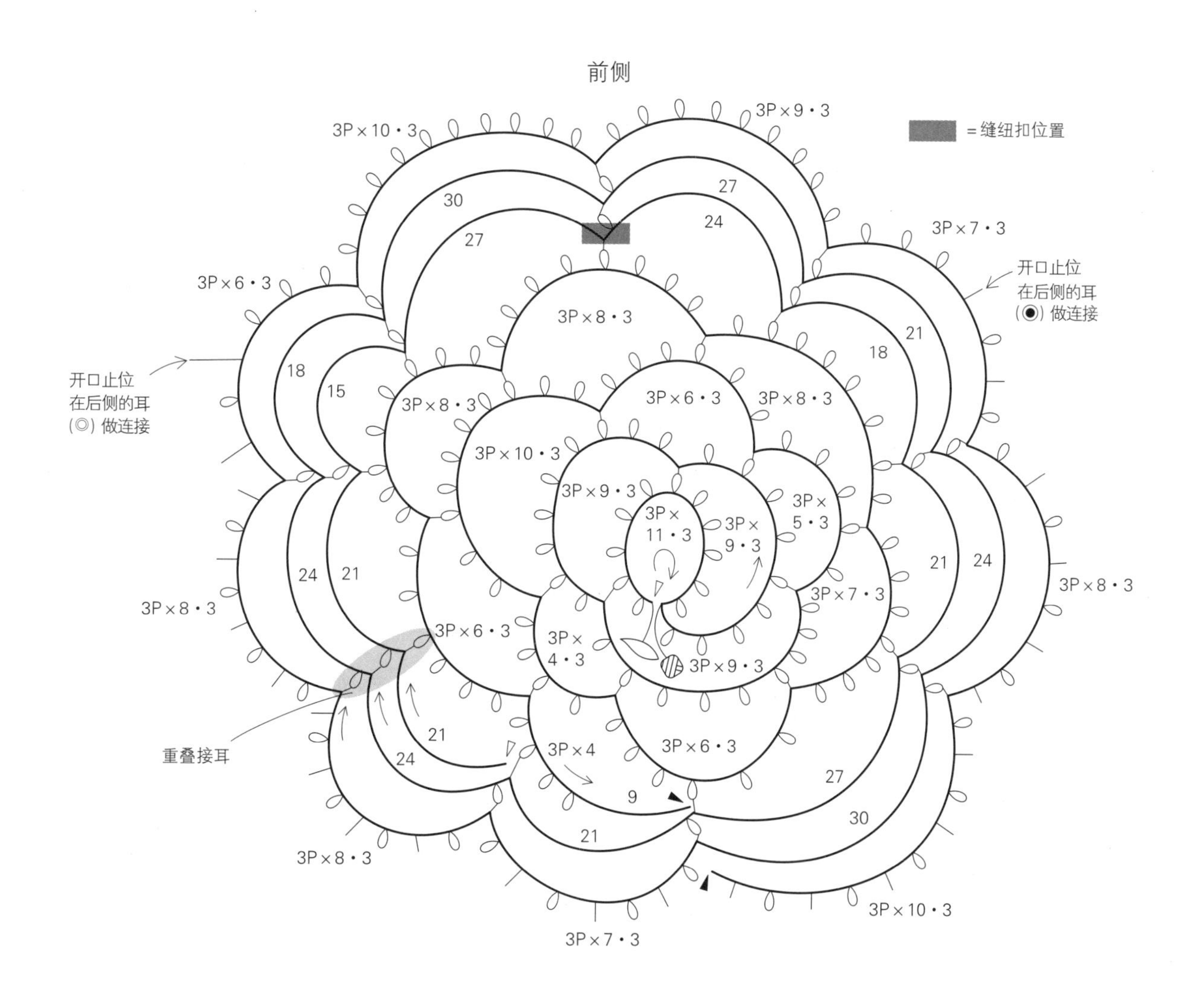

雅致的胸花和夹式耳环 迷你玫瑰胸花和铁线莲胸花

图片p.22

[材料和工具]

迷你玫瑰

用线：奥林巴斯　金票40号蕾丝线　原白色(731)3 g

其他：小号六角串珠 珠光白色 280颗、直径2 cm的胸针金属配件(带莲蓬头)1组

铁线莲

用线：奥林巴斯　Emmy Grande〈Bijou〉粉红色(L160)20 g

其他：珍珠1 cm1颗、直径2 cm的胸针金属配件(带莲蓬头)1组

工具(通用)：1个梭子

[制作要点]

迷你玫瑰／花芯　在线中穿入24颗串珠，再将线缠在梭子上。在左手的线环中移入8颗串珠，先将串珠移至小指。编织2针，接着重复8次"移过1颗串珠，编织2针"，再将环收紧。主体　用梭子和线团编织，先在线团的线中穿入串珠。将梭子和线团的2根线头一起打成活结，从桥开始编织。编织5针后移过1颗串珠，接着重复9次"编织2针，移过1颗串珠"，再编织5针。翻转织片，编织第1组3个连续的环。第2个环编织3针后与最初的环做连接，接着编织6针，在编织起点的线结和桥之间的芯线上做连接，再编织9针后将环收紧。编织3个环后，接着编织下一个桥。编织第2组的第2个环时，在第2个桥第1针前面的芯线(★)上做连接。重复编织桥和3个连续的环，最后的桥在环的渡线上做连接。

铁线莲／主体无须加入串珠，按迷你玫瑰相同方法编织。

组合／以编织终点为中心，将织片卷起来整理好形状，用线将其缝在莲蓬头底座上。迷你玫瑰在中心缝上花芯，铁线莲在中心缝上珍珠。

※铁线莲的编织图解和组合方法见p.50、51

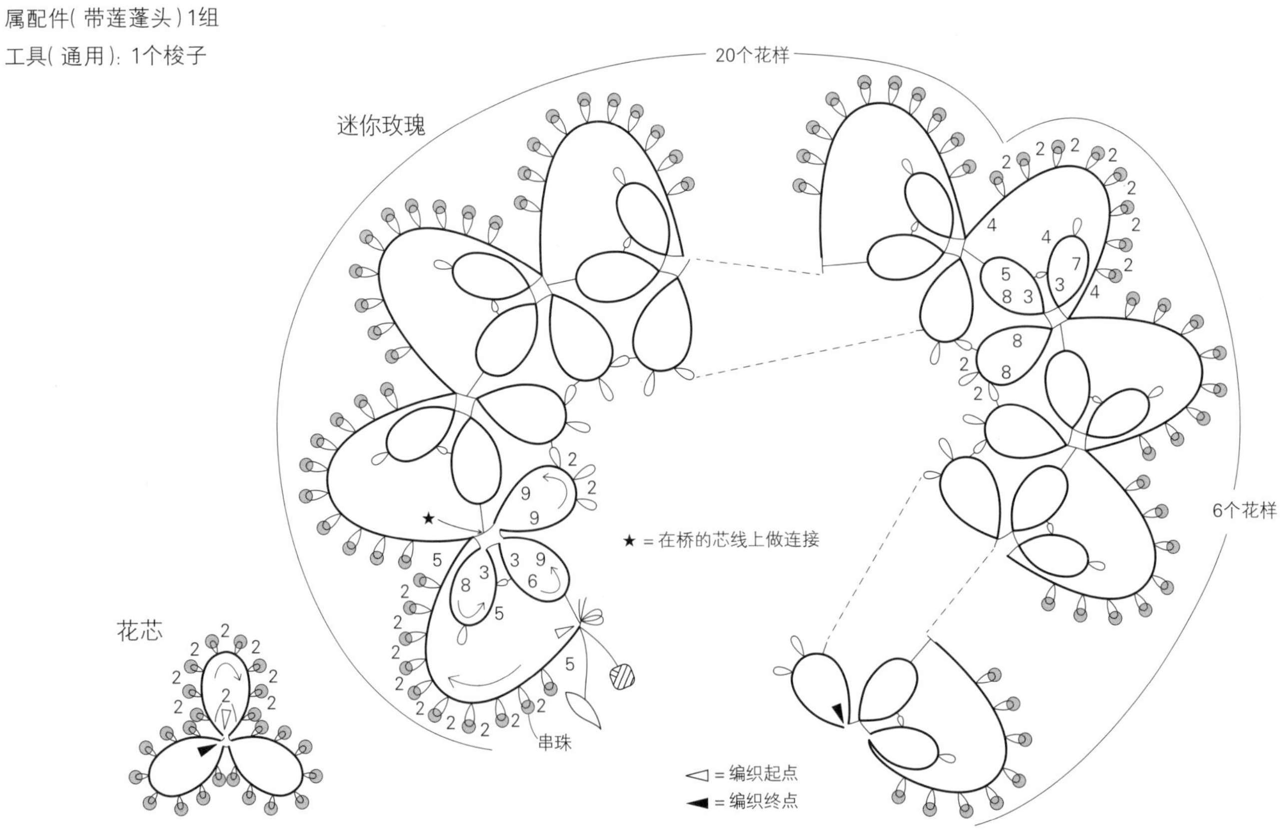

山茶花夹式耳环

山茶花胸花

雅致的胸花和夹式耳环 山茶花胸花和山茶花夹式耳环

图片p.22

［材料和工具］

用线：奥林巴斯　金票40号蕾丝线　浅茶色（813）　胸花／5 g，夹式耳环／少量

工具：1个梭子

其他：胸花／粉红色小号六角串珠570颗、长2.8 cm的别针1个，夹式耳环／粉红色小号六角串珠180颗、夹式耳环的金属配件1对

［制作要点］

胸花／花片A　第1圈编织10个环连接成环形。第2圈用梭子编织环，用预先穿入160颗串珠的线团的线编织桥。花片B　在线团的线中穿入50颗串珠，编织桥。编织最初的环时，将第2个耳制作得稍微大一点，其他4个环都在这个耳上做连接。花片C　在线中穿入40颗串珠，再将线缠在梭子上。在左手的线环中移入8颗串珠，先将串珠移至小指，编织第1个环。编织1针，接着重复8次“将1颗串珠移至针目边上，编织后面的1针”，再将环收紧。重叠3片花片A，在第1圈环的根部穿线固定。按花片B、C的顺序依次重叠并缝合。最后在反面缝上别针。

夹式耳环／编织花片B、C各2片。

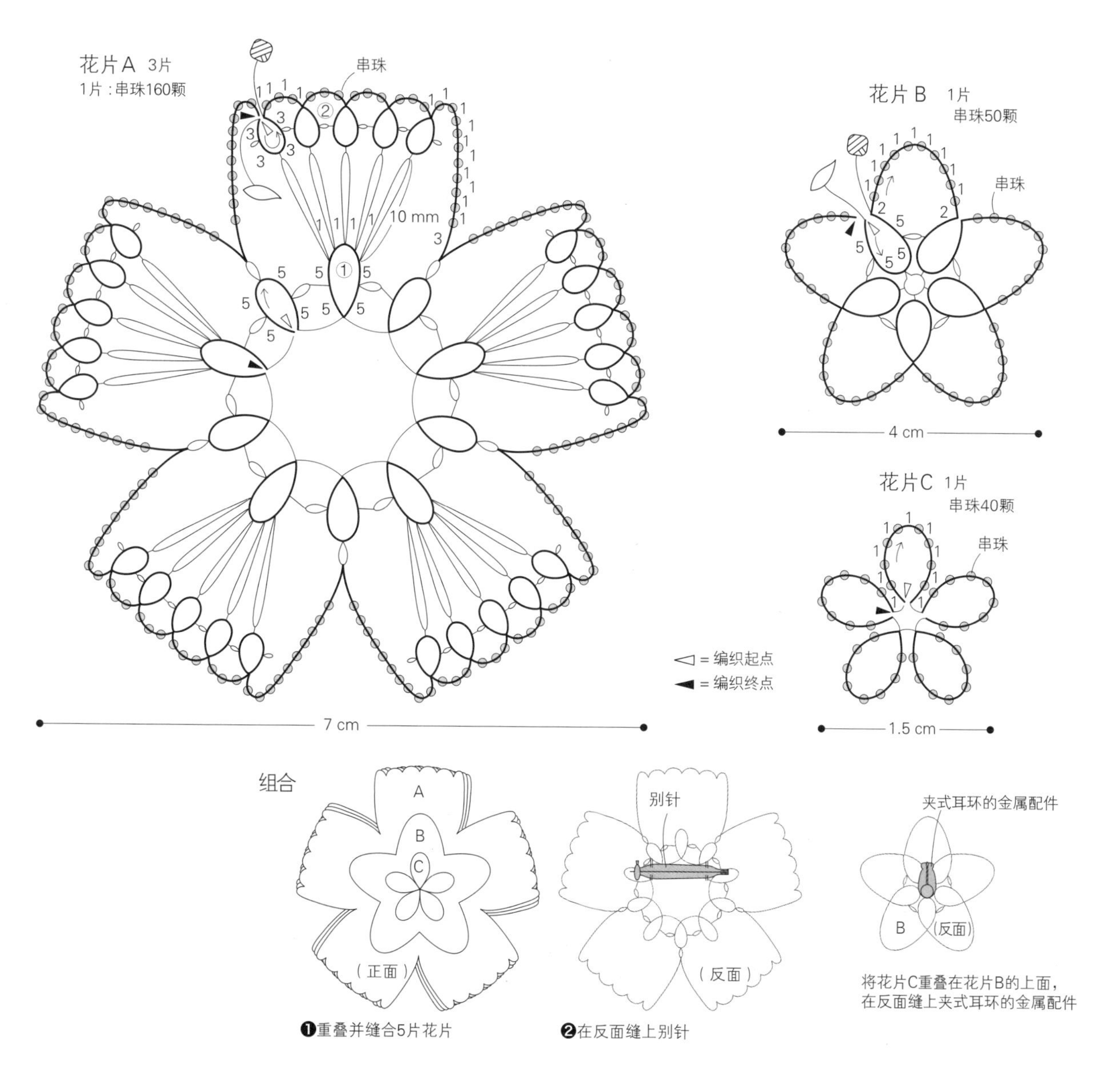

浮雕风格的胸针 图片p.23

［材料和工具］

用线：奥林巴斯　金票40号蕾丝线　少量

a、c／象牙白色（852），b／浅茶色（813）

工具（通用）：1个梭子

其他：不织布（通用），a／胸针金属配件（带连接环）、挂件金属配件各1个，小圆环2个，b、c／胸针金属配件各1个

［制作要点］

a／从梭子上拉出1 m左右的线头缠到缠线板上。用梭子编织环，用缠线板上的线编织桥。

b、c／用1个梭子编织，一边调整方向一边交替编织内侧和外侧的环，最后连接成环形。

组合／a使用挂件金属配件和胸针金属配件，b、c使用胸针金属配件。根据底座的大小裁剪不织布，分别用黏合剂将不织布粘贴在底座上，再将花片粘贴在上面。

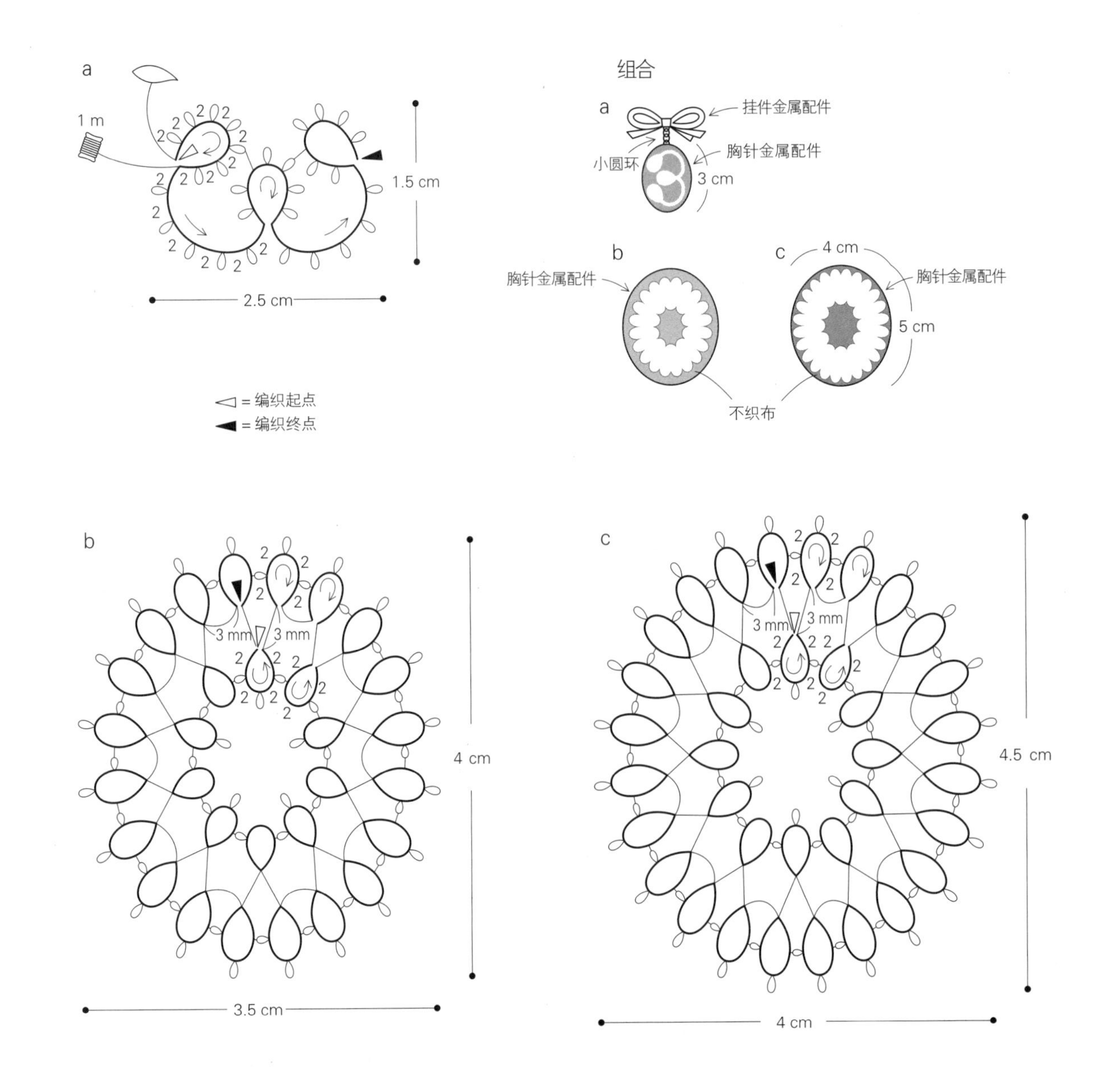

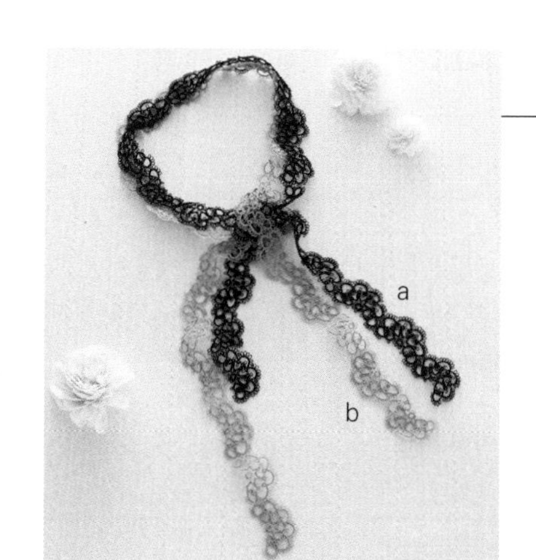

蕾丝装饰带 图片p.24

［材料和工具］

用线：奥林巴斯　金票40号蕾丝线

a／藏青色（325）9 g，b／浅茶色（813）11 g

工具：1个梭子

［制作要点］

因为是连接花片，加减花片的数量可以调整至自己喜欢的长度。

先编织中间的环。第2圈用梭子和线团一边编织一边与第1圈的环做连接。第2圈结束后接着编织第3圈，一边编织一边与第2圈的环做连接。编织结束时，与第2圈编织起点的线头打结并做好线头处理。从第2片花片开始，一边编织一边在第3圈与相邻花片做连接。

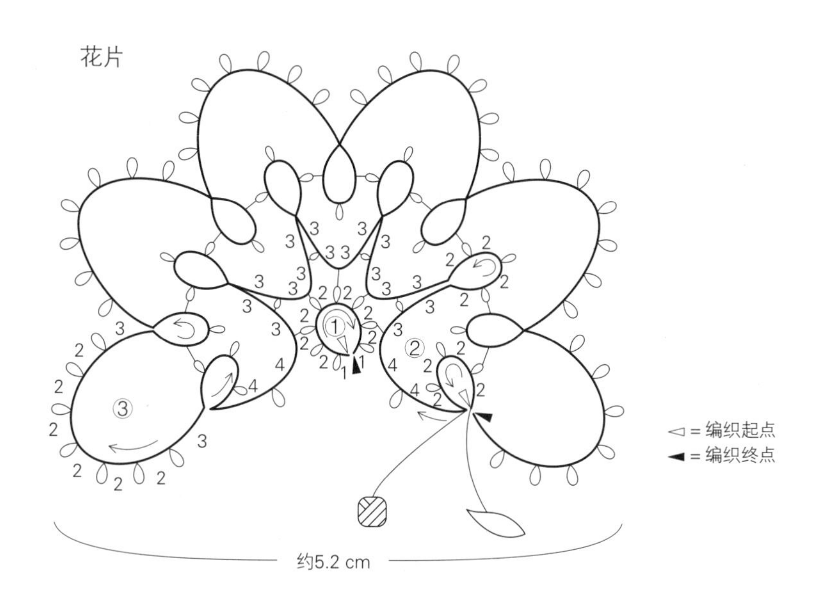

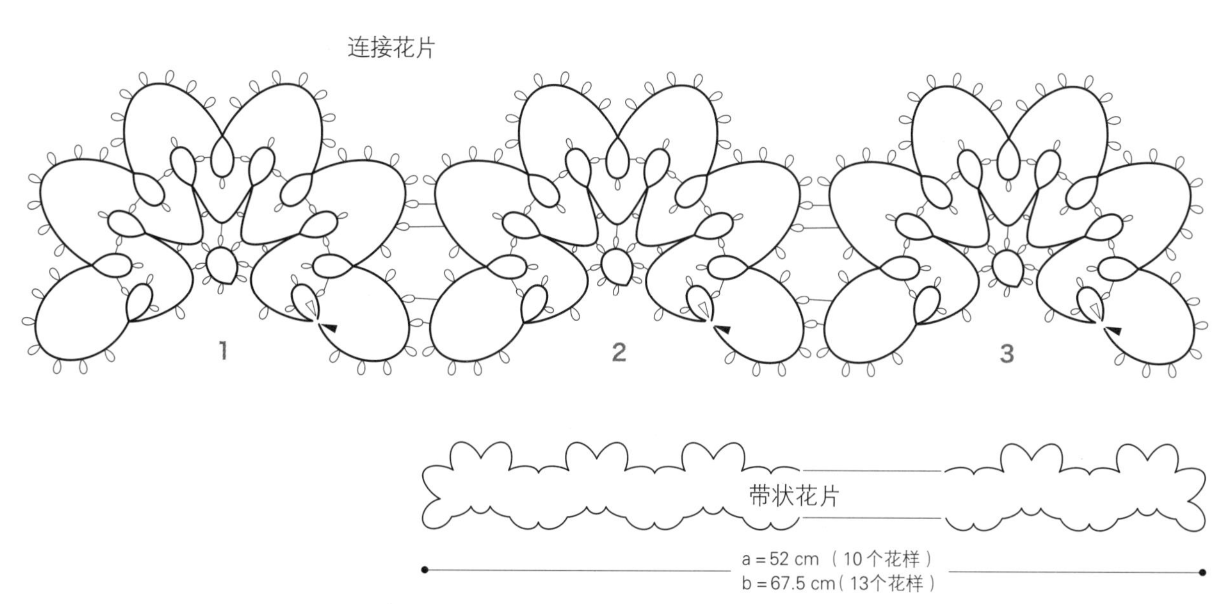

装饰领和袖口

图片p.25

［材料和工具］

用线：奥林巴斯　Emmy Grande　淡黄色(851)

装饰领/30 g，袖口/18 g

工具：1个梭子

其他：珍珠 6 mm　装饰领/2颗，袖口/4颗

［制作要点］

以1个花样为单位依次编织，加减花样的数量可以调整至自己喜欢的长度。

将梭子和线团的线头打结，从桥开始编织。如图所示依次编织环和桥，将编织终点设在与编织起点对称的桥上。制作纽扣时，编织环后在中间放入珍珠，然后缝在指定位置。

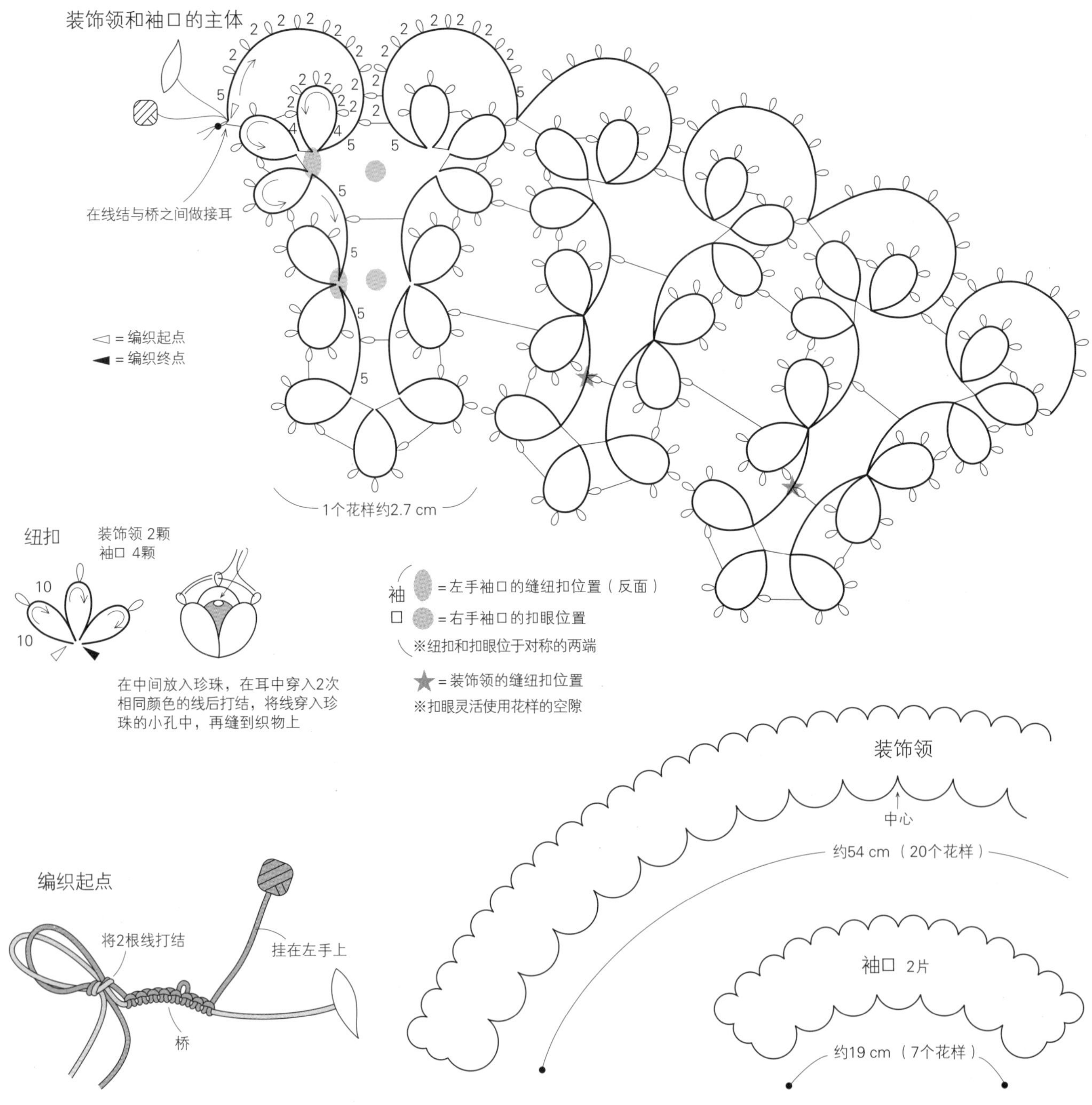

玫瑰花、三角形花片和蝴蝶花样的小饰品

玫瑰花、三角形 图片p.16

［材料和工具］

用线1：奥林巴斯　梭编蕾丝线〈中〉

a／原白色（T203）2 g

用线2：奥林巴斯　梭编蕾丝线〈金银丝线〉

b、f／深粉色（T406）各1 g

c、e／金色（T407）各1 g

d／黑色（T411）1 g

g／银白色（T410）1 g

工具：1个梭子

其他：a／切面串珠172颗、小圆环2个、夹式耳环的金属配件1对，b、c／戒指托各1个、小圆环各2个，d／珍珠6 mm1颗、T形针1根、小圆环3个、项链的链子1条，e、f／小圆环各1个、项链的链子（带调节链）各1条，g／长径10 mm的吊坠1个、小圆环1个、瓜子扣1个、项链的链子（带调节链）1条

［制作要点］

三角形花片的编织方法请参照p.80，玫瑰花的编织方法请参照p.54。

a／在梭子和线团的线中穿入串珠。将梭子和线团的2根线头打结后开始编织桥。制作环时，先在左手的线环中移入这个环所需数量的串珠后开始编织。

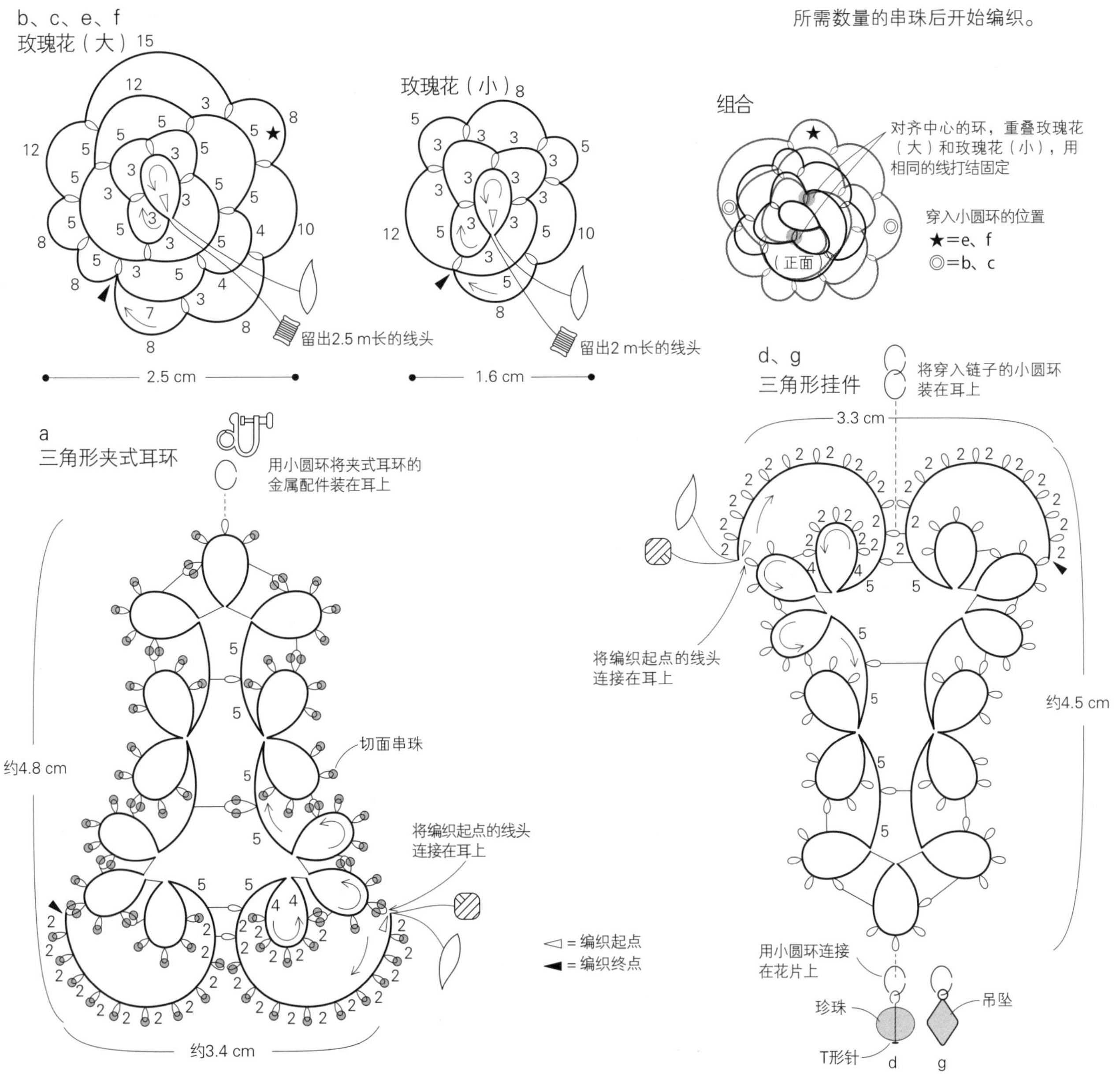

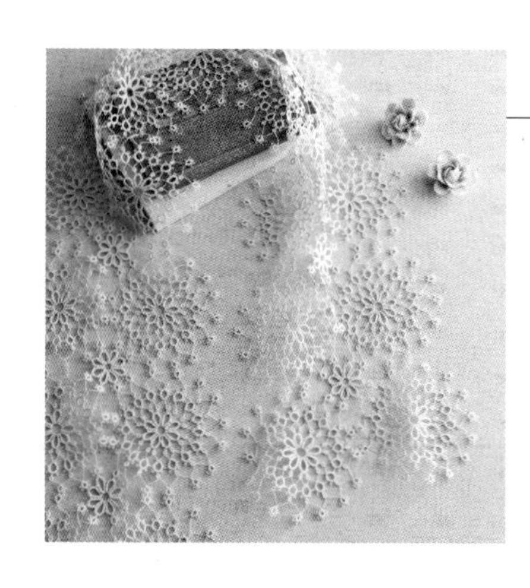

木春菊围巾

图片p.26

［材料和工具］
用线：奥林巴斯　金票40号蕾丝线
贝壳粉色（810）30 g
工具：1个梭子
［制作要点］
先编织花片A，然后在周围一边编织花片B一边做连接。花片A编织8个环连接成环形。花片B的第1圈按花片A相同方法编织。第2圈一边调整方向交替编织内侧和外侧的环，一边在内侧的环上与第1圈做连接。第3圈一边编织一边在内侧的环上与第2圈做连接，在外侧的环上与相邻花片做连接。

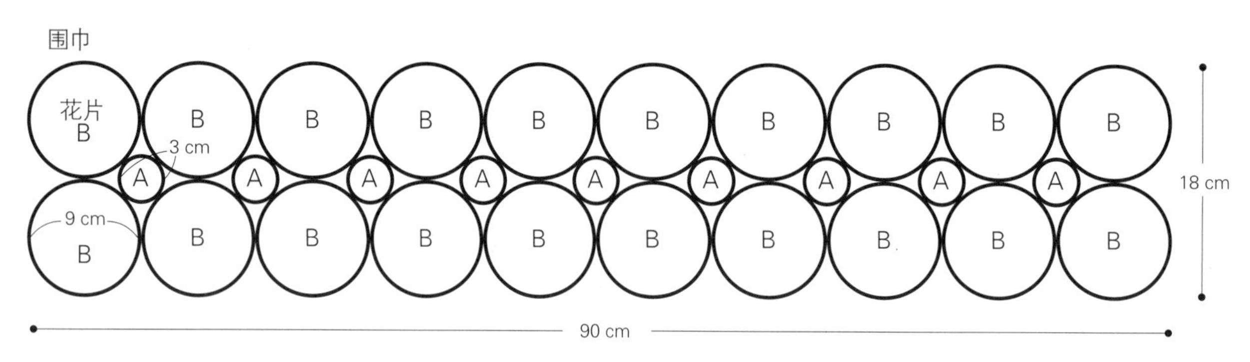

接p.84

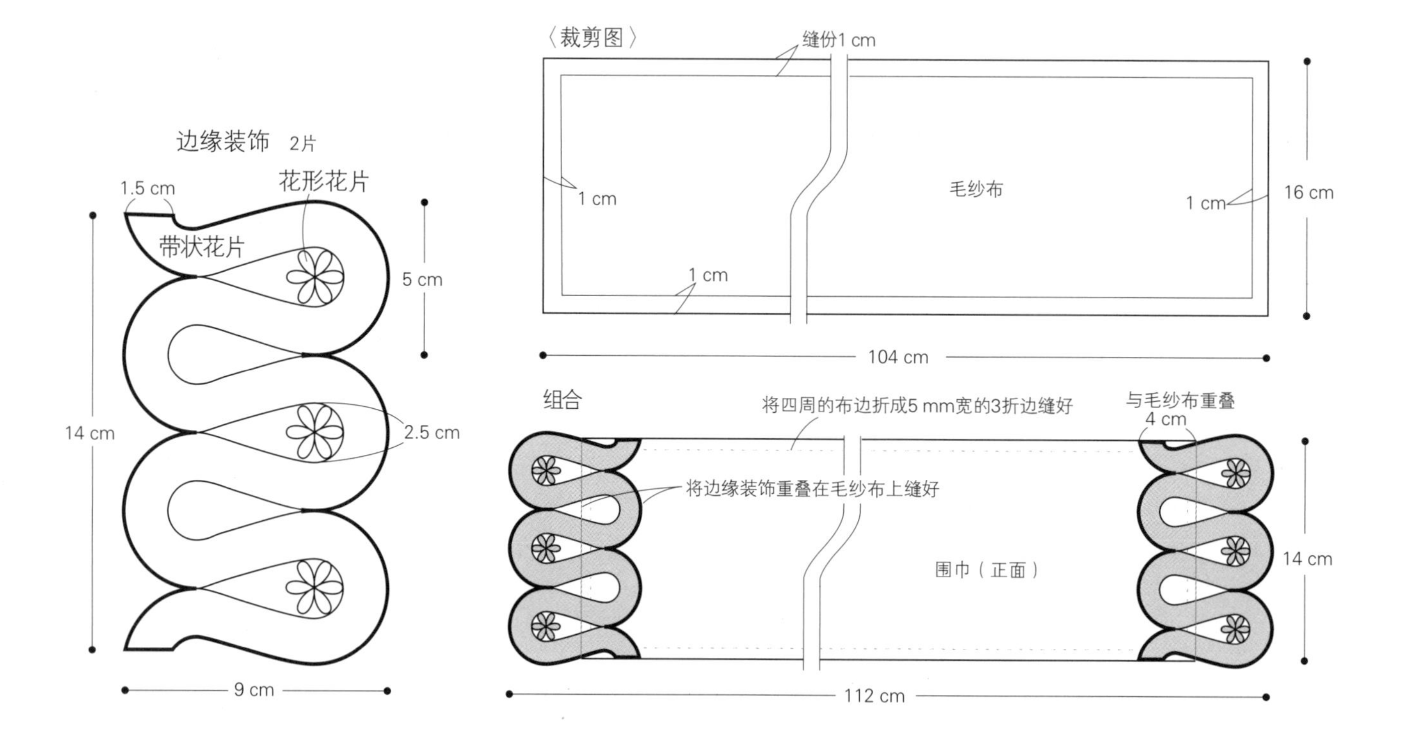

花片B
花片A
10 mm
5 mm
◁ = 编织起点
◀ = 编织终点

带花边的羊毛围巾

图片p.27

［材料和工具］

用线：奥林巴斯　金票40号蕾丝线〈混染〉白色和蓝灰色系（M13）18 g

工具：1个梭子

其他：毛纱布　米白色 16 cm×104 cm

［制作要点］

先编织好花形花片。接着一边编织带状花片一边与花形花片做连接。缝制围巾，将边缘装饰缝在围巾两端。

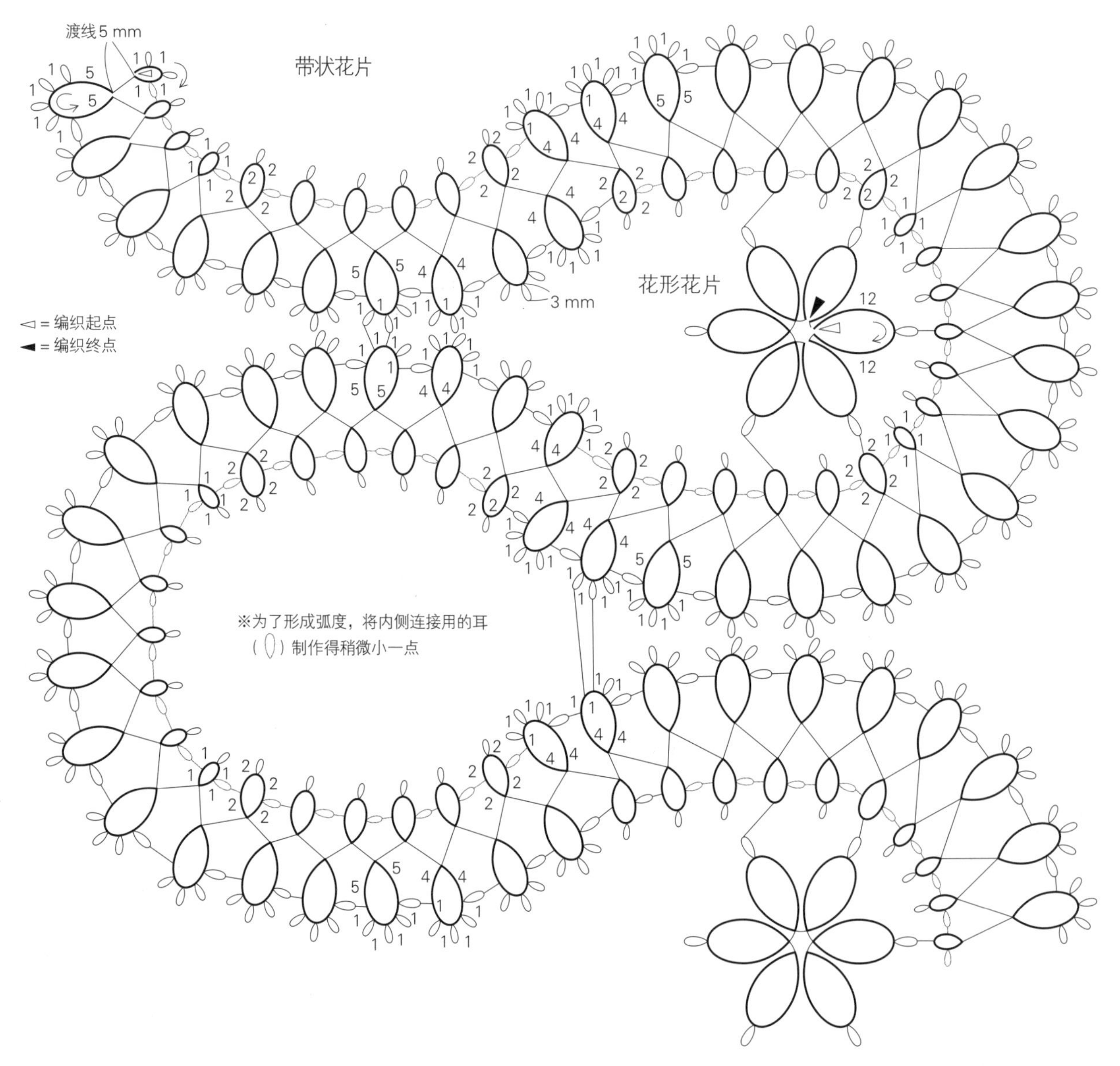

※缝制方法见p.82

金合欢和丁香花配饰

图片p.29

[材料和工具]

用线：奥林巴斯　金票40号蕾丝线、金票40号蕾丝线〈段染〉各少量

金合欢／黄色（541）、草绿色（293）、〈段染〉柠檬黄色（53）

丁香花／紫色（654）、〈段染〉紫色系（62）

工具（通用）：1个梭子

其他：金合欢／胸针金属配件（带莲蓬头）直径2 cm1个、挂钩式耳环的金属配件1对、小圆环4个

丁香花／戒指（带直径1.2 cm的莲蓬头）1个、穿孔式耳环的金属配件（带直径10 mm的平面粘贴圆盘）1对

[制作要点]

叶子／编织至叶子顶部中心的环，在渡线上做梭线连接后往回编织下一个环。重复“梭线连接，编织环”，结束时将线头打结并做好线头处理。

小花（金合欢和丁香花）／分别用指定颜色的线编织并连接指定数量的环。

组合

胸针／将叶子缝在莲蓬头底座上，将小花漂亮地缝在上面。整理好形状后，将莲蓬头底座固定在金属配件上。

戒指／将小花漂亮地缝在莲蓬头底座上。整理好形状后，将莲蓬头底座固定在金属配件上。

穿孔式耳环／在圆盘上涂上黏合剂，粘贴上小花并整理好形状。

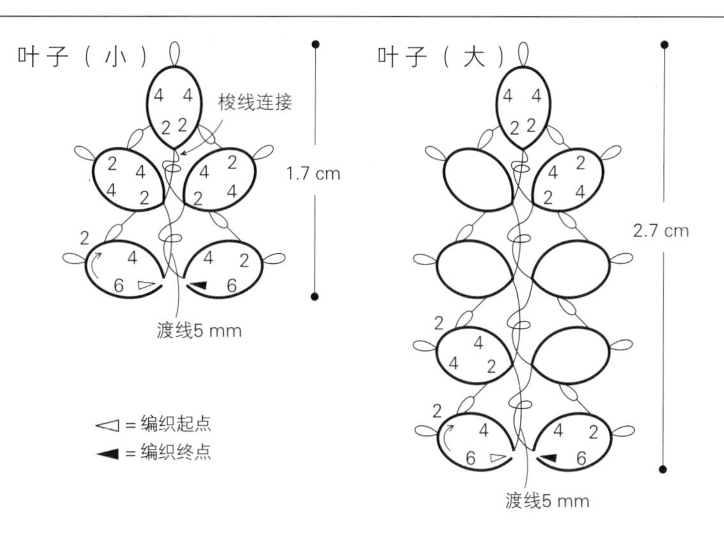

金合欢

无须渡线

丁香花

无须渡线

挂钩式耳环　1个的数量
段染：13个环
25个环

胸针
环的数量参照下图

戒指
段染：60个环
紫色：40个环

穿孔式耳环　1个的数量
段染：10个环
紫色：12个环

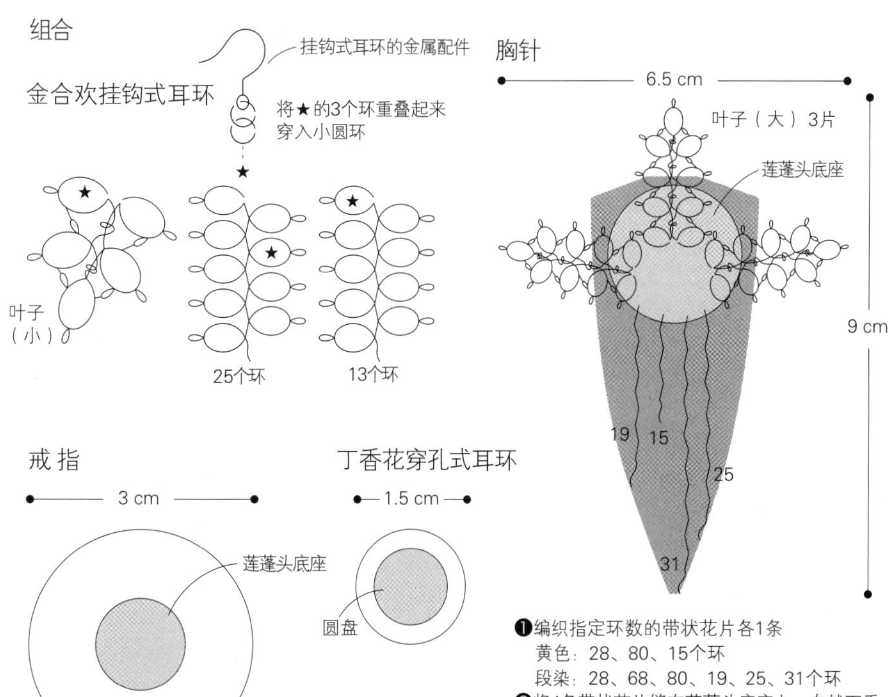

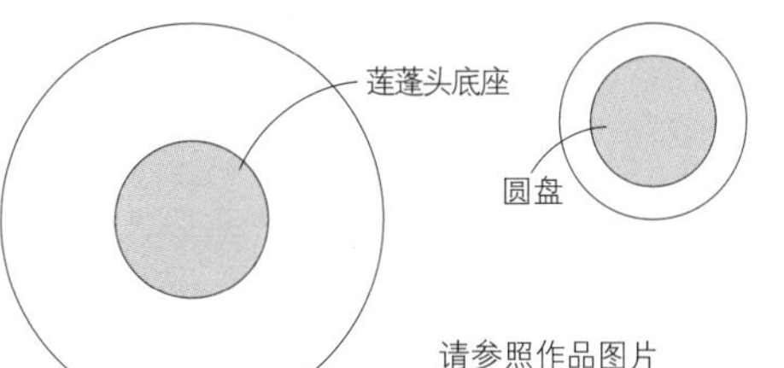

请参照作品图片进行组合

❶编织指定环数的带状花片各1条
黄色：28、80、15个环
段染：28、68、80、19、25、31个环
❷将4条带状花片缝在莲蓬头底座上，自然下垂
❸将剩下的带状花片卷起来缝在莲蓬头底座上。翘起来的地方用黏合剂粘好

蔬菜花样的小饰品

图片p.30

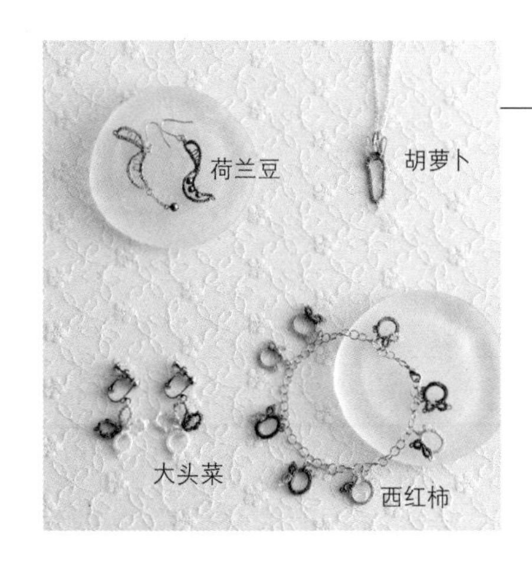

［材料和工具］

用线：奥林巴斯　金票40号蕾丝线、金票40号蕾丝线〈段染〉

大头菜／白色（81）、〈段染〉绿色系（19B）各少量

胡萝卜／橙色（171）、〈段染〉绿色系（19B）各少量

西红柿／红色（700）、金黄色（503）、黄绿色（228）、紫色（654）、〈段染〉绿色系（19B）各少量

荷兰豆／梭编蕾丝线〈金银丝线〉绿色（T405）少量

工具：1个梭子，2个梭子和1根回形针（仅荷兰豆）

其他：大头菜／小圆环2个、夹式耳环的金属配件1对

胡萝卜／橙色小号圆珠6颗、瓜子扣1个、项链的链子1条

西红柿／串珠4颗、小圆环8个、龙虾扣和C形环各1个、链子20 cm

荷兰豆／串珠3 mm3颗、4 mm1颗，T形针1根，小圆环3个，链子1 cm，挂钩式耳环的金属配件1对

［制作要点］

大头菜／编织主体和叶子，在反面将线头打结并做好线头处理。

胡萝卜／制作主体时，先在梭子的线中穿入小号圆珠，编织环。编织叶子时，不要将环完全收紧。

西红柿／加入串珠的蒂部和没有串珠的蒂部各编织4个。将蒂部粘贴在果实上，每种颜色分为有串珠的和没有串珠的各1个。

荷兰豆／其中1个荷兰豆预先在梭子b的线中穿入3颗直径3 mm的串珠。在梭子a和b之间的线上穿入回形针后开始编织。第1个豆荚完成后，换成梭子a，取下回形针，在留出的线圈中做连接。接着编织第2个豆荚。收拢第2个豆荚做好线头处理。编织另一个荷兰豆，无须加入串珠。

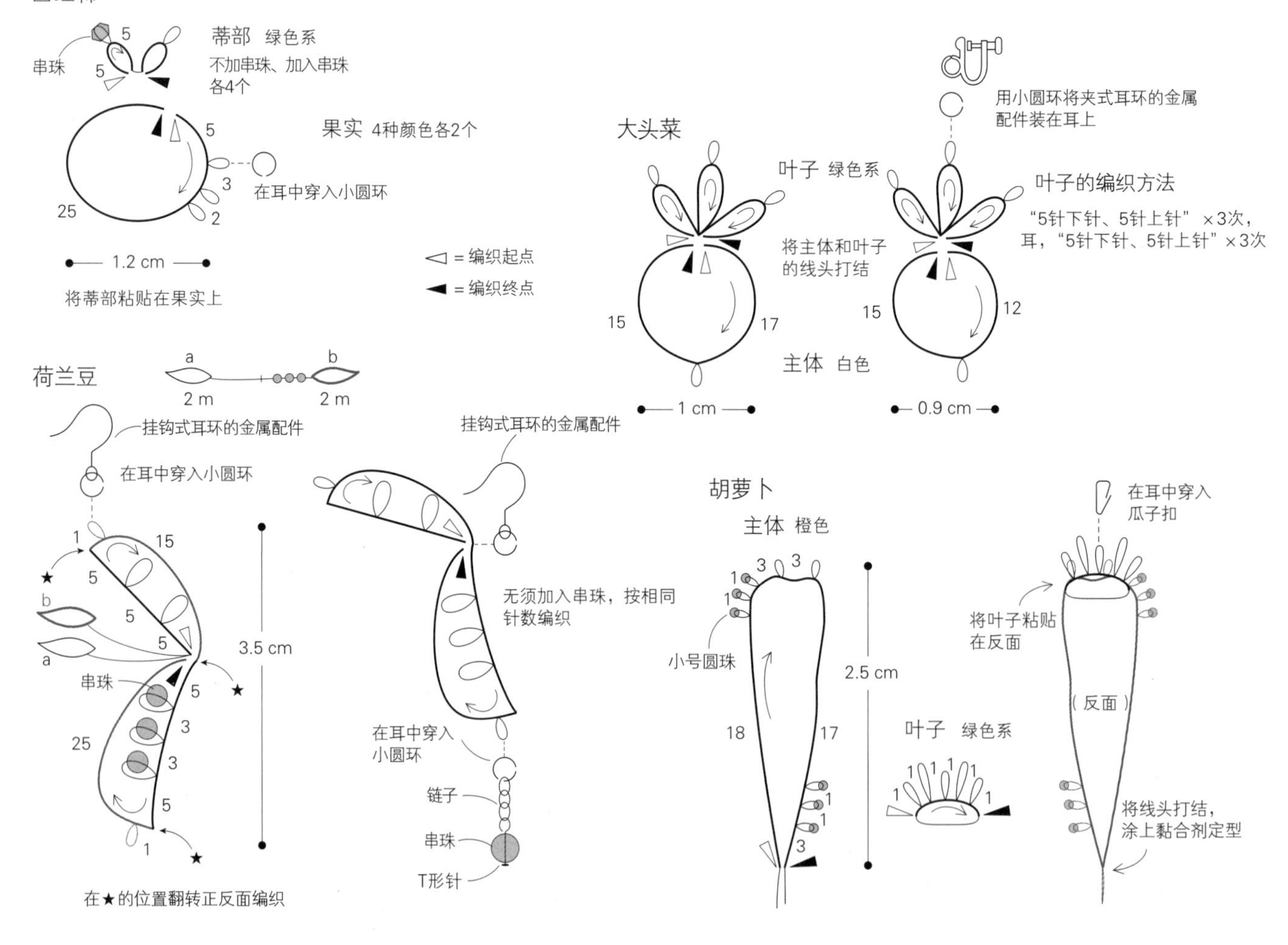

酸橙夹式耳环和柠檬挂钩式耳环 图片p.31

[材料和工具]

用线：奥林巴斯　梭编蕾丝线〈中〉、〈细〉、〈金银丝线〉

酸橙 /〈中〉柠檬黄色（T205）2 g、〈金银丝线〉绿色（T405）少量

柠檬 /〈细〉柠檬黄色（T105）1 g、金黄色（T111）少量

工具：1个梭子

其他：挂钩式耳环、夹式耳环的金属配件各1对，小圆环各6个

[制作要点]

花片（大）　先编织第1圈的环。第2圈编织环后与第1圈的耳做连接，接着与相邻的耳做连接，再编织下一个环，按此方法重复编织。第3圈一边编织一边与第2圈的耳做连接。花片（小）　第1圈的环不要完全收紧，留出一半线环。第2、3圈按花片（大）相同方法编织。

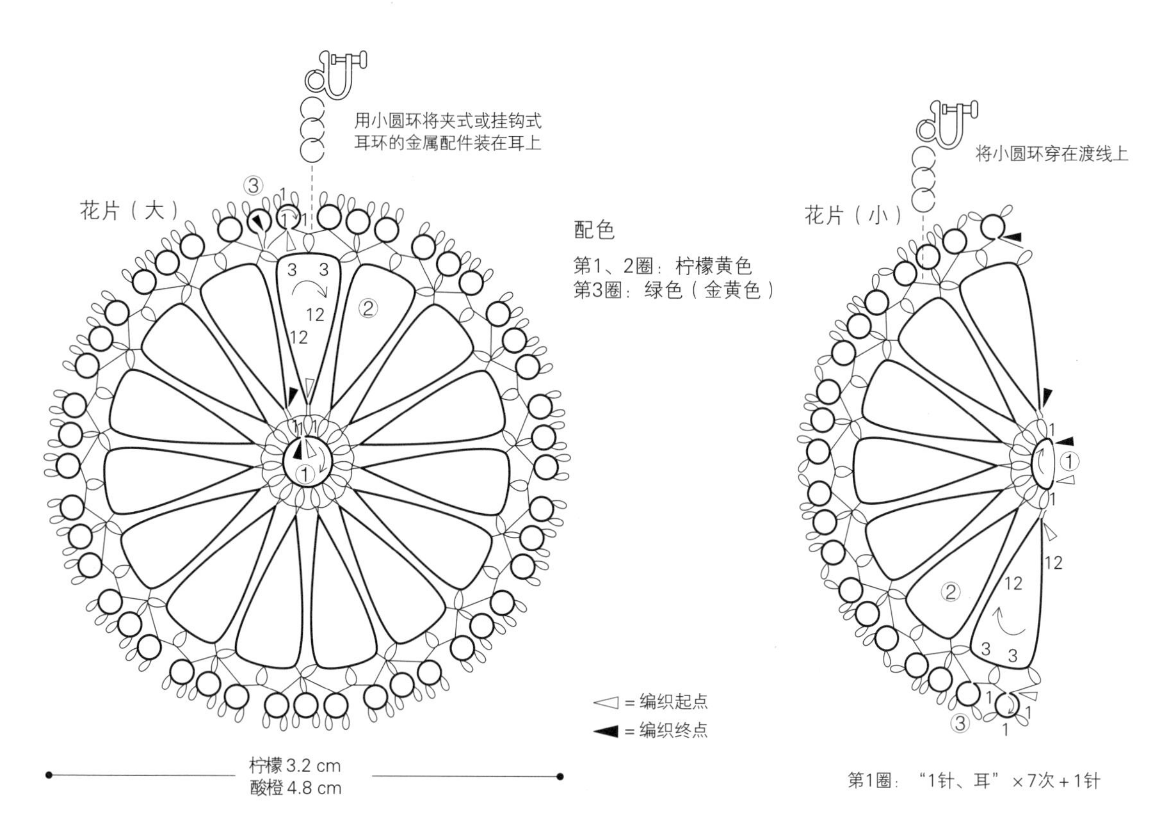

Photographers: TOSHIKATSU WATANABE, MASAKI YAMAMOTO
Original Japanese edition published in Japan by NIHON VOGUE CO., LTD.,
Simplified Chinese translation rights arranged with BEIJING BAOKU INTERNATIONAL CULTURAL DEVELOPMENT CO., Ltd.

备案号：豫著许可备字-2019-A-0160

图书在版编目（CIP）数据

精美绝伦的梭编蕾丝饰品精选集 /（日）藤重澄，日本OLIVO协会著；蒋幼幼译. —郑州：河南科学技术出版社，2023.11
ISBN 978-7-5725-1219-3

Ⅰ. ①精…　Ⅱ. ①藤…　②日…　③蒋…　Ⅲ. ①钩针-编织-日本-图集　Ⅳ. ①TS935.521-64

中国国家版本馆CIP数据核字（2023）第176870号

出版发行：河南科学技术出版社
地址：郑州市郑东新区祥盛街27号　邮编：450016
电话：（0371）65737028　65788613
网址：www.hnstp.cn
责任编辑：刘　欣　刘淑文
责任校对：余水秀
封面设计：张　伟
责任印制：张艳芳
印　　刷：河南新达彩印有限公司
经　　销：全国新华书店
开　　本：889 mm × 1 194 mm　1/16　印张：5.5　字数：140千字
版　　次：2023年11月第1版　2023年11月第1次印刷
定　　价：49.00元

如发现印、装质量问题，影响阅读，请与出版社联系并调换。